东华理工大学放射性地质实验教学中心实践教学系列教材

环境微生物学实验教程

刘亚洁　李文娟　编著

中国原子能出版社

图书在版编目(CIP)数据

环境微生物学实验教程 / 刘亚洁,李文娟编著 .—北京:中国原子能出版社,2013.5(2025.8 重印)
ISBN 978-7-5022-5824-5

Ⅰ.①环… Ⅱ.①刘… ②李… Ⅲ.①环境微生物学—实验—高等学校—教材 Ⅳ.①X172-33

中国版本图书馆 CIP 数据核字(2013)第 022858 号

内容提要

该教程是《环境工程微生物学》、《水处理微生物学》等基础微生物学类课程的配套实验教程,本书共分为九章,主要内容包括:微生物学实验仪器、微生物学基础实验、空气微生物检测实验、水污染微生物学实验、土壤微生物学实验、微生物的分离与纯化实验技术,水质的细菌学检测技术,环境中致突变物的监测等操作性实验,以及酸性矿山微生物富集分离和环境样品中微生物检测等设计性、综合性试验。

本书可作为高等院校环境工程、给排水类专业学生的基础微生物学类课程配套实验教学用书,也可供相关专业人员参考。

环境微生物学实验教程

出版发行 中国原子能出版社(北京市海淀区阜成路 43 号 100048)
责任编辑 谭 俊
责任校对 冯莲凤
责任印制 赵 明
印　　刷 中煤(北京)印务有限公司
经　　销 全国新华书店
开　　本 787 mm×1092 mm 1/16
印　　张 7 **字　数** 172 千字
版　　次 2013 年 5 月第 1 版 2025 年 8 月第 3 次印刷
书　　号 ISBN 978-7-5022-5824-5 **定　价** **20.00 元**

网址:http://www.aep.com.cn **E-mail:atomep123@126.com**
发行电话:010-88828678

总　　序

东华理工大学放射性地质实验教学中心是在东华理工大学前身太谷地质学校铀矿地质实验室的基础上发展而来。20世纪50年代中叶，为了响应党中央、国务院作出的发展原子能事业的伟大决策和“打破帝国主义核垄断”的号召，国家第二机械工业部于1956年6月创立了太谷地质学校，专门培养铀矿勘查技术人员。1959年学校迁至邻近某特大型铀矿区的江西省抚州市，校名改为抚州地质专科学校(本科)，1978年改为抚州地质学院，1982年更名为华东地质学院，2002年更名为东华理工学院，2007年更名为东华理工大学。为全世界唯一的专门从事核燃料循环工程和放射性地学人才培养工作的高等学校，被联合国国际原子能机构(IAEA)指定为铀矿地质和同位素水文学高级培训中心。

放射性地质实验教学中心包括基础地质实验室、铀矿地质实验室、地质信息处理实验室、地球化学实验室、放射性地球物理勘探实验室、放射性水文地质与工程地质实验室等六个功能实验室，并建有杭州基础地质认识、江山区域地质调查、相山铀矿地质三个野外实习基地和地质博物馆，鹰潭龙虎山、抚州温泉、南昌梅岭、庐山等多个课间野外地质认识实习基地，以及鄂尔多斯、江西信江等多个产、学、研野外实习基地。2009年1月20日，该中心被教育部、财政部批准为2008年度国家级实验教学示范中心建设单位(教高函(2009)5号)。

为切实落实国家实验教学示范中心的建设目标，加强实验教学中心的内涵建设，中心做到以培养学生实践能力、创新能力和提高教学质量为宗旨，以实验教学改革为核心，以实验资源开放共享为基础，以高素质实验教学队伍和完备的实验条件为保障，创新管理机制，全面提高实验教学水平和实验室使用效益。建设过程中取得了一系列显著的实践教学效果，如在首届全国大学生地质技能大赛上，我校学子获得了包括地质技能综合应用一等奖(第1名)等多项佳绩，赢得了与会专家、兄弟院校的高度评价。

本系列实验、实习教材的出版是我校放射性地质实验教学中心进一步加强学生实践能力和创新精神培养、改进实验教学体系、内容和方法，凝练优秀教学成果，促进优质资源整合、共享的重要举措之一。系列实验、实习教材内容凝聚了我校相关专业教师多年的教学成果积累，是在原有自编特色、优势实践教学类讲义基础上重新编写或修订完成的。该系列教材适合资源勘查工程、地球化学、勘查技术与工程、地球物理学、水文与水资源工程、土木工程等本专科专业相关课程的室内实践教学实习和课间野外实践教学实习使用，同时也可供相关专业人员参考。

本系列教材的出版得到了东华理工大学领导，地球科学学院、核工程技术学院、水资源与环境工程学院、建筑工程学院以及教务处等单位领导和老师的大力支持。

最后，衷心感谢参加这套教材编写的全体教师，正是由于他们的辛勤劳动，编写工作才得以顺利完成。同时真诚感谢中国原子能出版传媒有限公司（中国原子能出版社）的领导和有关同志，正是由于他们的最大支持和认真督促，这套教材才能够如期与读者见面。

东华理工大学副校长
放射性地质实验教学中心主任

2011.6.30

前　言

本书是高等工科院校环境工程专业“环境工程微生物学”课程的配套教材。环境工程微生物实验是高等学校环境工程专业和给排水专业必修课程，是环境工程微生物学教学的重要组成部分。通过本教材内容的学习和操作，可加深学生对环境工程微生学基础理论的理解，培养学生环境工程微生物学实验的基本操作技能，熟悉各种无菌操作技术及微生物学常用仪器设备的使用，同时，培养学生学生独立编写设计性和综合性实验方案、研究报告的能力。

本教程主要内容包括：微生物学实验仪器、微生物学基础实验、空气微生物检测实验、水污染微生物学实验、土壤微生物学实验、微生物的分离与纯化实验技术，水质的细菌学检测技术，环境中致突变物的监测等操作性实验，以及酸性矿山微生物富集分离和环境样品中微生物检测等设计性、综合性试验。本书最后还附有微生物常用培养基、染料、试剂等的配制方法。由于篇幅所限，本书省去了现代环境工程微生物学中分子操作部分的相关实验内容，如原核(真核)生物分子鉴定技术、分子克隆与杂交技术、测序技术等，同时省去了生物絮凝剂产生菌及其制备等实验。

该书是在刘亚洁所编的原东华理工学院《环境工程微生物学》内部实验讲义基础上补充完善而成。编写过程中，得到了环境工程系全体老师和各届学生的大力支持，其中环境工程系教师李小燕、王学刚，硕士研究生刘艳曾在编辑排版方面给予了极大帮助，在此表示衷心的感谢！教材的出版得到东华理工大学放射性地质实验教学中心(国家级实验教学示范中心)和东华理工大学地球科学学院国家级特色专业、国家管理专业、国防重点建设专业和江西省高校品牌专业等的鼎力支持。

本书亦可供从事普通微生物学、环境(工程)生物学研究领域的教师、研究生和其他研究者参考。由于时间仓促，加之编者水平有限，书中尚有许多不妥之处，敬请读者指正，并提出宝贵意见和建议。

编者

2012 年 5 月

1 微生物学实验室常用的器皿

微生物学实验室所用的玻璃器皿，大多要进行消毒、灭菌和用来培养微生物，因此对其质量、洗涤和包装方法均有一定的要求。一般，玻璃器皿要求使用硬质玻璃，才能承受高温和短暂烧灼而不致破损；器皿的游离碱含量要少，否则会影响培养基的酸碱度；洗涤方法不恰当也会影响实验结果。以下对此作详细介绍。

1.1 器皿的种类、要求与应用

1.1.1 试管(test tube)

微生物学实验室所用玻璃试管，其管壁必须比化学实验室用的厚些，这样在塞棉花时，管口才不会破损。试管的形状要求没有翻口(图 1-1,A)，不然，微生物容易从棉塞与管口的缝隙间进入试管(图 1-1,B)而造成污染。此外，现在有不用棉塞而用铝制或塑料制的试管帽(图 1-1,C)，若用翻口试管也不便于盖试管帽。有的实验要求尽量减低蒸发试管内的水分，则需使用螺口试管(图 1-1,D)，盖以螺口胶木或塑料帽。

试管的大小可根据用途的不同，分为下列三种型号。

(1) 大试管(约 18 mm×180 mm)可盛倒培养皿用的培养基；亦可作制备琼脂斜面用(需要大量菌体时用)。

(2) 中试管[约(13～15)mm×(100～150 mm)]盛液体培养基或做琼脂斜面用，亦可用于病毒等的稀释和血清学试验。

(3) 小试管[(10～12)mm×100 mm]一般用于糖发酵试验或血清学试验，和其他需要节省材料的试验。

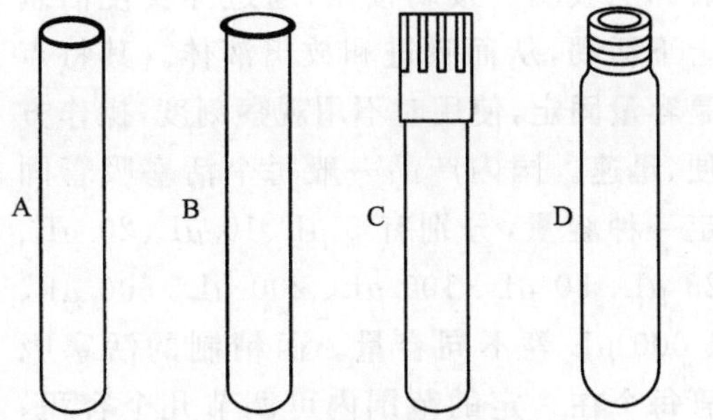

图 1-1 各式试管与试管帽

A. 无翻口试管；B. 翻口试管(不适用)；C. 上有试管帽；D. 螺口试管

(4) 德汉氏管(Durham tube)

观察细菌在糖发酵培养基内产气情况时，一般在小试管内再套一倒置的小套管(约 6 mm×36 mm)(图 1-2)，此小套管即为德汉氏试管，又称发酵小套管或杜氏小管。

(5) 吸管(又称移液管，pipette)

a 玻璃吸管(glass pipette) 微生物学实验室一般要准备 1 mL、5 mL、10 mL 的刻度玻璃吸管(图 1-3,A)。与化学实验室所用的不同，其刻度指示的容量往往包括管尖的液体体积，亦即使用时要注意将所吸液体吹尽，故有时称为“吹出”吸管。

除有刻度的吸管外，有时需用不计量的毛细吸管，又称滴管(图 1-3,B)，来吸取动物体液和离心上清液以及滴加少量抗原、抗体等。

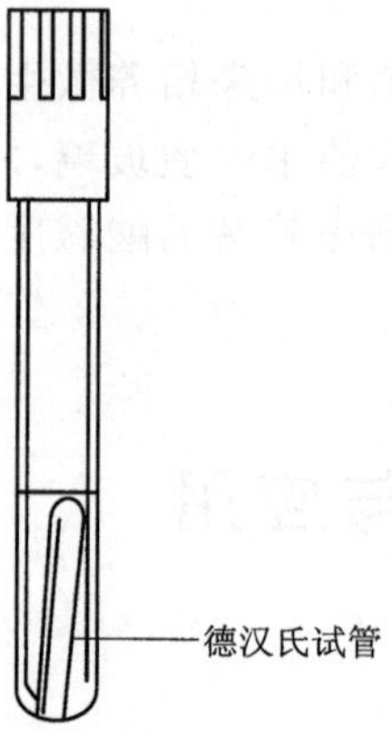

图 1-2 德汉氏试管

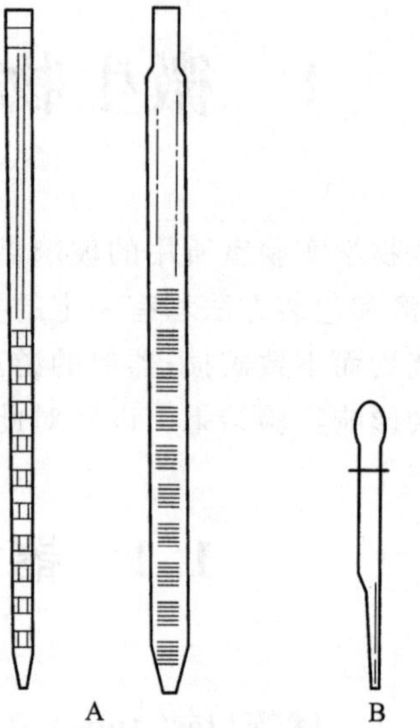

图 1-3 玻璃吸管

A. 刻度吸管;B. 毛细吸管

b 活塞吸管(piston pipette)主要用来吸取微量液体,故又称微量吸液器或微量加样器。其外形和结构如图 1-4,除塑料外壳外,主要部件有按钮、弹簧、活塞和可装卸的吸嘴。按动按钮,通过弹簧使活塞上下活动,从而吸进和放出液体。其特点是容量固定,使用时不用观察刻度,操作方便、迅速。国内产品一般每个活塞吸管固定一种容量,分别有 5 μL、10 μL、20 μL、25 μL、50 μL、100 μL、200 μL、500 μL、1 000 μL 等不同容量。而精制的活塞吸管每个在一定的范围内可调节几个容积,例如在 5～25 μL 的范围内,可调节 5 μL、10 μL、15 μL、20 μL、25 μL 五个不同的量,使用时按需要调节,但当调节固定后,每吸一次,容量仍是固定的。用毕只需调换吸嘴或将吸嘴洗净,消毒后再行使用。

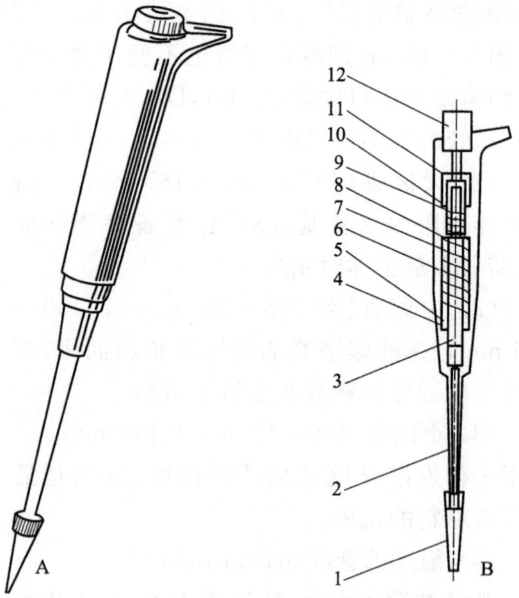

图 1-4 活塞吸管的外形与结构

A. 外形;B. 结构

1. 吸嘴;2. 吸引管;3. 活塞;4. 活塞套;5. 密封圈;6. 外壳;7. 压簧;8. 活塞杆;9. 上冲横压簧;10. 冲程限止圈;11. 螺母;12. 按钮

1.1.2 培养皿(petri dish)

常用的培养皿(图 1-5),皿底直径 90 cm,高 15 cm。培养皿一般均为玻璃皿盖,但有特殊需要时,可使用陶器皿盖,因其能吸收水分,使培养基表面干燥,例如测定抗生素生物效价时，培养皿不能倒置培养，则用陶器皿盖为好。

在培养皿内倒入适量固体培养基制成平板，用于分离、纯化、鉴定菌种、微生物计数以及测定抗生素、噬菌体的效价等。

1.1.3 三角烧瓶(Erlenmeyer flask)与烧杯(beaker)

三角烧瓶有 100 mL、250 mL、500 mL、1 000 mL 等不同的大小，常用来盛无菌水、培养基和摇瓶发酵等。常用的烧杯有 50 mL、100 mL、250 mL、500 mL、1 000 mL 等，用来配制培养基与药品。

1.1.4 注射器(injector)

一般有 1 mL、2 mL、5 mL、10 mL、20 mL、50 mL 等不同容量的注射器。注射抗原于动物体内可根据需要使用 1 mL、2 mL 和 5 mL 的；抽取动物心脏血或绵羊静脉血可采用 10 mL、20 mL、50 mL 的。

微量注射器有 10 μL、20 μL、50 μL、100 μL 等不同的大小。一般在免疫学或纸层析等实验中滴加微量样品时应用。

1.1.5 载玻片(slide)与盖玻片(cover slip)

普通载玻片大小为 75 mm×25 mm，用于微生物涂片、染色，作形态观察等。盖玻片为 18 mm×18 mm。

凹玻片是在一块厚玻片的当中有一圆形凹窝(图 1-6)，作悬滴观察活细菌以及微生物培养用。

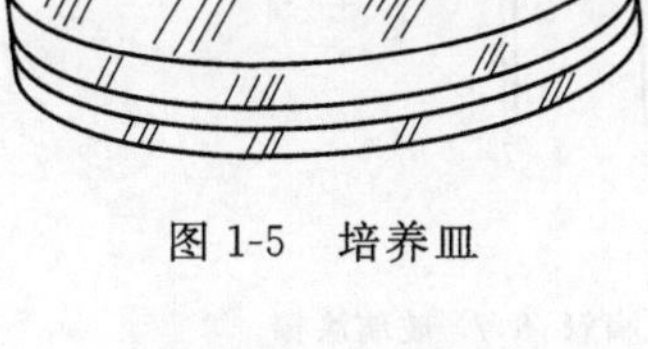

图 1-5 培养皿

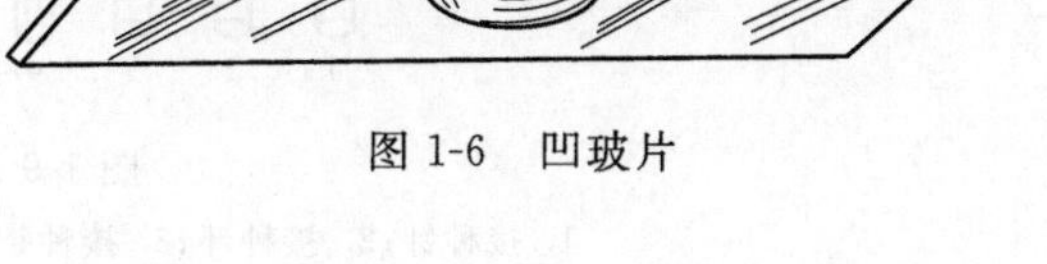

图 1-6 凹玻片

1.1.6 双层瓶(double bottle)

由内外两个玻璃瓶组成(图 1-7)，内层小锥形瓶盛放香柏油，供油镜头观察微生物时使用，外层瓶盛放二甲苯，用以擦净油镜头。

1.1.7 滴瓶(dropper bottle)

用来装各种染料、生理盐水等(图 1-8)。

1.1.8 接种工具

接种工具有接种环(inoculating loop)、接种针(inoculating needle)、接种钩(inoculating hook)、接种铲(inoculating shovel)、玻璃涂布器(glass spreader)等(图 1-9)。制造环、针、钩、铲的金属可用铂或镍，原则是软硬适度，能经受火焰反复烧灼，又易冷却。接种细菌和酵母菌用接种环和接种针，其铂丝或镍丝的直径以 0.5 mm 为适当，环的内径 2 mm，环面应平整。接种某些不易和培养基分离的放线菌和真菌，有时用接种钩或接种铲，其丝的直径要求粗一些，约 1 mm。用涂布法在琼脂平板上分离单个菌落时需用玻璃涂布器，是将玻棒弯曲或将玻棒一端烧红后压扁而成。

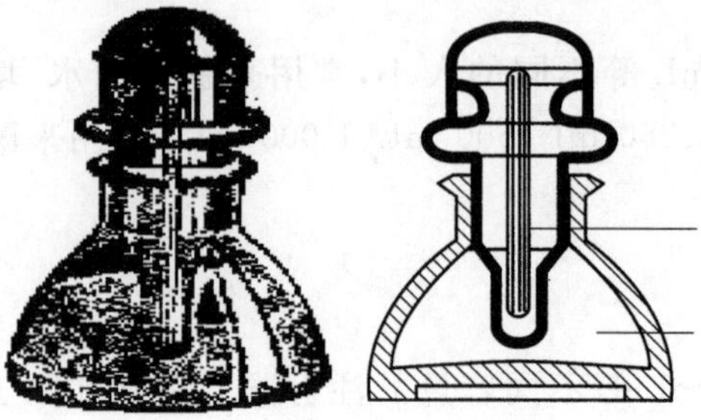

图 1-7 双层瓶

图 1-8 滴瓶

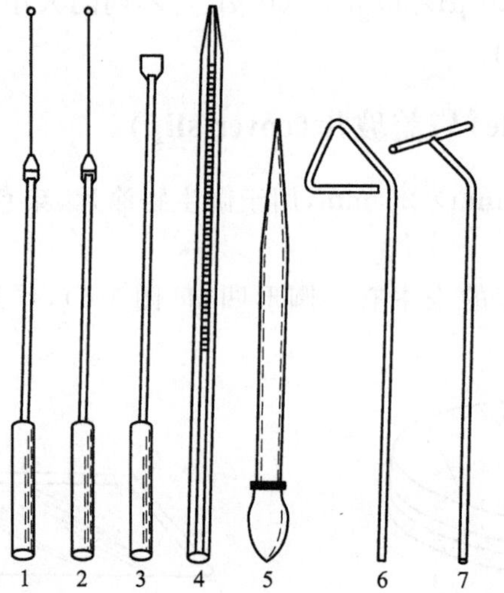

图 1-9 接种工具

1. 接种针；2. 接种环；3. 接种铲；4. 移液管；5. 滴管；6，7. 玻璃涂棒

1.2 玻璃器皿的洗涤

清洁的玻璃器皿是得到正确实验结果的重要条件之一。已用过的带有活菌沾染的玻璃器皿，更不能随意堆放，以防杂菌传播污染环境。由于实验目的的不同，对各种玻璃器皿的清洁程度要求也不一样。以下主要介绍新购置的玻璃器皿的处理，一般常用玻璃器皿的洗涤，带油污玻璃器皿和带菌玻璃器皿的处理、洗涤方法。

微生物学实验常用的玻璃器皿有试管、烧杯、锥形瓶、移液管、滴管、玻璃涂棒、培养皿、茄瓶或克氏瓶、盖片、载片等，在实验前均需洗涤清洁或经灭菌、晾干备用。

1.2.1 新购置的玻璃器皿的处理

新购置的玻璃器皿含有游离碱，一般应先在2%盐酸溶液浸泡数小时后再用清水洗净；也可在肥皂水或洗涤灵稀释液中煮30～60 min，取出用清水洗净。洗净后的试管倒置于试管筐内，锥形瓶倒置于洗涤架上，培养皿的皿盖和皿底分开，顺序压着皿边排列，倒扣在桌上或洗涤架上或铁丝筐内。上述玻璃器皿晾干或干燥箱中烘干备用。

新购置载玻片或盖玻片时，要挑选白色、厚薄均匀适中、无云雾状乳白色斑点的片子，先浸在2%盐酸酒精或洗涤灵稀释液或肥皂水中1 h，再用自来水冲洗，最后用蒸馏水冲洗，放在载片洗涤架上或斜立试管架旁，晾干备用。或以软布擦干后浸泡在装有含2%盐酸的95%酒精的玻璃缸中，用时取出在火焰上烧去酒精即可。

1.2.2 常用玻璃器皿的洗涤

常用的锥形瓶、培养皿、试管、烧杯、量筒、玻璃漏斗等器皿，洗涤时可用鬃刷沾上洗涤灵或肥皂粉或去污粉刷洗，然后用自来水冲洗干净，倒放在洗涤架上自然晾干或放70～80 ℃干燥箱中烘干备用。

移液管及滴管可用水冲洗后，插入2%盐酸溶液中浸泡数十分钟，取出后用自来水冲洗，再用蒸馏水冲洗2～3次（为使移液管、滴管冲洗洁净，可将一根直径6～7.5 mm的橡皮管或塑料管连接在自来水笼头上或连接在蒸馏水瓶上，橡皮管或塑料管的另一端直接套接在移液管或滴管的底端，即安装橡皮头的一端，然后放水冲洗即可）。洗净后的移液管或滴管使顶端（细口端）朝上倒转斜立于一铝制盒内，放入100 ℃干燥箱中烘干备用（烘烤温度太低移液管中水分不易蒸发）。

1.2.3 带油污玻璃器皿的处理

凡加过豆油、花生油、泡敌等消泡剂的锥形瓶或通气培养的大容量培养瓶，在未洗刷前，需尽量除去油腻，可将倒空油的瓶子用10%的氢氧化钠（粗制品）浸泡0.5 h或放在5%苏打液（碳酸氢钠溶液）内煮两次，去掉油污，再用洗涤灵和热水刷洗。吸取过油的滴管，先放在10%氢氧化钠溶液中浸泡0.5 h，去掉油污，再依上法清洗，烘干备用。

用矿物油封存过的斜面或用液体石蜡油加盖的厌氧菌培养管或石油发酵用的锥形瓶，洗刷前要先在水中煮沸或高压蒸汽灭菌，然后浸泡在汽油里使粘附于器壁上的矿物油溶解，汽油倒出后，放置片刻待汽油自然挥发，最后按新购置的玻璃器皿处理方法进行洗刷。凡带有凡士林的玻璃干燥器或瓦氏呼吸计侧压管玻璃塞、反应瓶口和玻璃磨口塞，洗刷前要用酒精或丙酮浸泡过的棉花擦去油污，现在也可用油污清洗剂喷洒于油污垢上，待2～5 min后，用百洁布或干布擦净，再依上法清洗干净。

1.2.4 带菌玻璃器皿的处理

(1) 带菌载片及盖片处理

已用过的带有活菌的载片或盖片，可先浸于5%的石炭酸（或2%来苏尔溶液或1∶50（V/V）的新洁尔灭溶液）中1 h，然后用竹夹子将载片、盖片取出（不要用手取），依上法冲洗干净，再用软布擦干后放培养皿中备用。

二、基本原理

(一) 普通光学显微镜的结构

普通光学显微镜(图 2-1)是由一组光学系统和支持及调节光学系统的机械系统组成。

机械系统包括镜座、镜臂、镜台、物镜转换器、镜筒及调节器等。

镜座是显微镜的基座,使显微镜能平稳地放置在桌子上。

镜台又称载物台,是放置标本的地方,为方形或圆形。镜台上有压片夹,用来固定被检标本,较好的显微镜则有标本移动器,转动螺旋可使标本前后和左右移动。有的标本移动器带有游标尺,可指明标本所在位置。

镜臂用以支持镜筒,也是移动显微镜时手握的部位。

镜筒是连接目镜和物镜的金属筒。镜筒上端插入目镜,下端与物镜转换器相接。

物镜转换器安装在镜筒的上端,其上装有 3~5 个不同放大倍数的物镜,可以通过转动物镜转换器随意选用合适的物镜。

调节器安装在镜臂基部,是调节物镜与被检标本距离的装置,通过转动粗、细调节螺旋便可清晰地观察到标本。

普通光学显微镜的光学系统主要包括目镜、物镜、聚光镜和反光镜等(图 2-2)。

目镜一般由两块透镜组成。上面一块称接目透镜,下面一块称场镜。在两块透镜中间或场镜的下方有一视场光阑。在进行显微测量时,目镜测微尺便要放在视场光阑上。不同的目镜上刻有 5×、10×、15×或 20×等字符以表示该目镜的放大倍数。可根据需要选择适当的目镜使用。

物镜是显微镜中很重要的光学部件,由多块透镜组成。根据物镜的放大倍数和使用方法的不同,分为低倍物镜、高倍物镜和油镜三类。低倍物镜有 4×、10×、20×,高倍物镜有 40×和 45×等,油镜有 90×、95×和 100×等。在物镜侧面刻有一些符号(各生产厂家的符号及其含义不尽相同),现举例说明其含义如下:

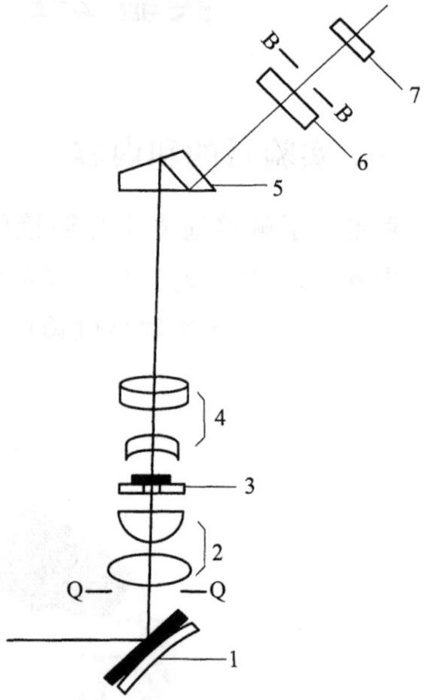

图 2-2 显微镜的光学系统

1. 反光镜;2. 聚光器;3. 标本;4. 物镜;5. 半五角棱镜;6. 场镜;7. 接目镜;Q. 聚光器孔径光阑;B. 目镜视场光阑

10×0.30——表示放大 10 倍,NA=0.30(NA 表示数值口径)。

40/0.65—— 表示放大 40 倍,NA=0.65,为消色差物镜。

100/1.25 oil——表示放大 100 倍,NA=1.25,为消色差油镜。

Plan 16/0.35 160/——表示放大 16 倍,NA=0.35,平场消色差物镜,镜筒长度 160 mm,斜线下方为一短横线,无数字,表示对盖玻片厚度要求不严格,如果是 160/0.17,则表示镜筒长度 160 mm,盖玻片的厚度应为 0.17 mm 或小于 0.17 mm。

聚光镜(又称聚光器)安装在镜台下,是由多场面透镜构成,其作用是把平行的光线聚焦于标本上,增强照明度。聚光镜的焦点必须在正中,使用聚光镜上的调节器可以进行调中。通过转动手轮调节聚光镜的上下,以适应使用不同厚度的载玻片,也能保证焦点落在被检标本上。但因聚光镜的焦距短,载玻片也不能太厚,一般以 0.9～13 mm 之间为宜。聚光镜上附有虹彩光阑(俗称光圈),通过调整光阑孔径的大小,可以调节进入物镜光线的强弱。

反光镜是普通光学显微镜的取光设备,使光线射向聚光镜,它一面是凹面镜,另一面是平面镜,有聚光镜的显微镜,无论使用低倍或高倍物镜均应用平面镜,只在光量不足时才使用凹面镜,没有聚光镜的显微镜,低倍物镜时用平面镜,高倍物镜及油镜均用凹面镜。

内光源是较好的光学显微镜自身带有的照明装置,安装在镜座内部,由强光灯泡发出的光线通过安装在镜座上的集光镜射入聚光镜。集光镜上有一视场光阑,可改变照明视场的大小。集光镜上可放置不同颜色的滤光片,以改变进入聚光镜光线的波长。

(二) 普通光学显微镜的光学原理

由单透镜构成的放大镜和由几块透镜组成的实体显微镜(解剖镜)称单式显微镜。目前微生物学教学及科研所用的光学显微镜一般是复式显微镜。

1. 光学显微镜成像的原理

由外界入射的光线经反光镜反射向上,或由内光源发射的光线经集光镜向上,再经聚光镜会聚在被检标本上使标本得到足够的照明,由标本反射或折射出的光线经物镜进入使光轴与水平面倾斜 45°角的棱镜,在目镜的焦平面上,即在目镜的视场光阑处,成放大的侧光实像,该实像再经目镜的接目透镜放大成虚像,所以人们看到的是虚像(图 2-3)。

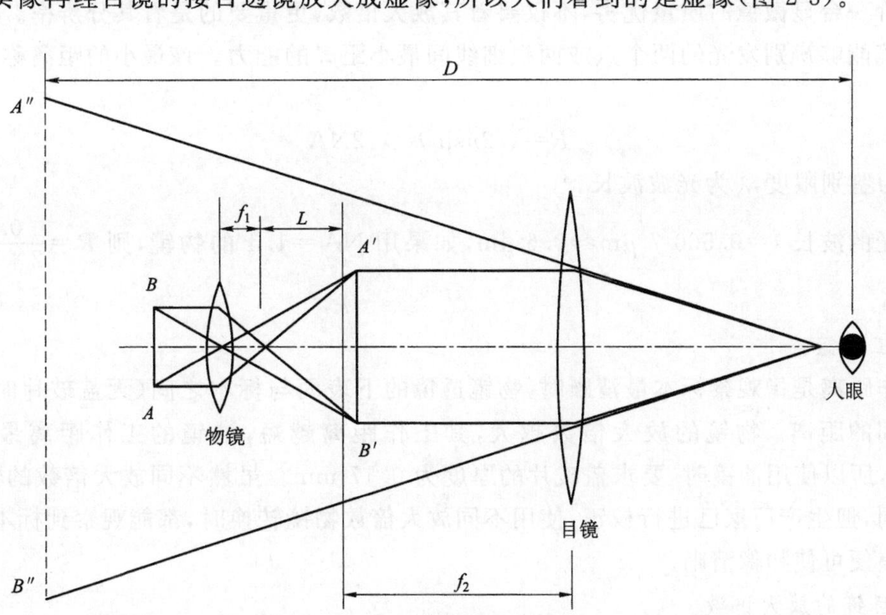

图 2-3 光学显微镜的成像原理

2. 显微镜的放大倍数

被检物体经显微镜的物镜和目镜放大后的总放大倍数是物镜的放大倍数和目镜放大倍数的乘积。如用放大 40 倍的物镜和放大 10 倍的目镜的总放大倍数是 400 倍。

3. 分辨率

物镜前面发光点发射的光线进入物镜的角度称开口角度。透镜的放大率与开口角度成正比，与焦距成反比。数值口径（又称开口率 numerical aperture，简写为 NA）是光线投射到物镜上的最大开口角度一半的正弦，乘上标本与物镜间介质的折射率的乘积。

$$NA = n \cdot \sin\theta$$

NA 为数值口径，n 是介质折射率，θ 为最大开口角度的半数。

由于介质为空气时，$n=1$，θ 最大值只能到 90°（实际上不可能达到 90°），sin 90°=1，所以干燥系下物镜的数值口径都小于 1。使用油镜时，物镜与标本间的介质为香柏油（$n=1.515$）或液体石蜡（$n=1.52$），不仅能增加照明度，更主要的是增大数值口径，目前技术下最大的数值口径为 1.4（表 2-1）。

表 2-1 物镜的放大倍数与数值口径

物镜类型	焦距/mm	放大倍数	开口角度	θ	$\sin\theta$	手射击率 n	NA
干燥系	16	10×	29°	14.5°	0.250 4	1	0.25
	4	40×	81°	40.5°	0.649 4	1	0.65
	4	40×	116°	58°	0.850 3	1	0.85
油浸系	2	90×	110°	55°	0.822 3	1.52	1.25
	2	90×	134°	67°	0.921 1	1.52	1.4

评价一台显微镜的质量优劣，不仅要看其放大倍数，更重要的是看其分辨率。分辨率是指显微镜能够辨别发光的两个点或两根细线间最小距离的能力。该最小的距离称为鉴别限度（R）：

$$R=\lambda/2n\sin\theta=\lambda/2\mathrm{NA}$$

R 为鉴别限度，λ 为光波波长。

日光的波长 $\lambda=0.560\ 7\ \mu m \approx 0.6\ \mu m$，如果用 NA=1.4 的物镜，则 $R=\frac{0.6}{2\times 1.4}\mu m=0.22\ \mu m$。

4. 工作距离

工作距离是指观察标本最清晰时，物镜透镜的下表面与标本之间（无盖玻片时）或与盖玻片之间的距离。物镜的放大倍数越大，其工作距离越短，油镜的工作距离最短，约为 0.2 mm，所以使用油镜时，要求盖玻片的厚度为 0.17 mm。虽然不同放大倍数的物镜工作距离不同，但生产厂家已进行校正，使用不同放大倍数物镜转换时，都能观察到标本，只需进行细调焦便可使物像清晰。

5. 目镜的放大倍数

根据计算，显微镜的有效放大倍数是：$E\times O=1\ 000\times \mathrm{NA}$

E 为目镜放大倍数，O 为物镜放大倍数。

目镜的有效放大倍数是：$E=1\ 000\times \mathrm{NA}/O$

根据上式可知，在与物镜的组合中，目镜有效的放大倍数是有限的，过大的目镜放大倍数并不能提高显微镜的分辨率。如用 90×，NA 为 1.4 的物镜，目镜有效的最大倍数是 15×。

三、实验材料和用具

1. 仪器和其他物品

普通光学显微镜、液体石蜡或香柏油、二甲苯、擦镜纸。

2. 微生物材料

枯草芽孢杆菌的染色标本。

四、操作步骤

显微镜的使用方法。

(一) 显微镜的放置

显微镜应直立放置在桌上，离桌缘约 3 cm，不要将直筒显微镜倾斜。

(二) 光源

显微镜不能采用直射阳光。晴天可用近窗的散射光作光源，也可用日光灯作光源，而专为显微镜照明而制造的聚丝电灯是较好的光源。

调节照明的步骤：

首先，使用低倍物镜，旋转粗调节器，使物镜和镜台间的距离约为 3 mm。

然后，旋转聚光镜螺旋，使聚光镜与镜台的上表面相距约 1 mm。

最后，最后调节反光镜（在较强的自然光下观察，以平面反光镜为宜），使光线充分地进入聚光镜，开闭聚光镜上的孔径光阑，调节光线强弱程度，直至照明效果最佳时为止。

另外，使用具有光源的显微镜时，可在接通电源后，取下目镜，直接向镜筒内观察，并调节聚光镜上的孔径光阑，使其孔径与视野恰好一样大或略小于视野，其目的是使入射光展开的角度与物镜的数值口径（开口率 NA）相一致，既可以充分发挥该物镜的分辨力，又能把超过该物镜可能接受的多余光挡住，否则能产生干扰，影响清晰度。所以，原则上使用不同的物镜时应相应调节孔径光阑。放回目镜后，通过调节集光镜上的视场光阑或调节照明度控制钮，选择最佳作的照明效果。

(三) 低倍镜和高倍镜的使用

1. 标本放置

下降镜台或升高镜筒，把枯草芽孢杆菌染色标本置镜台上，用载片夹夹牢。

2. 调焦

转动粗调节螺旋，升高镜台（或下降镜筒），使低倍物镜的前端接近载片，用左眼在目镜上观察，并转动粗调节螺旋，使镜台下降（或镜筒上升），可看到物像，然后转动细调节螺旋，使物像清晰。

3. 换高倍镜

用低倍镜看到物像后，转动标本移动器上的螺旋，选择合适的视野，并把要观察的部位置于视野的中央；转动物镜转换器把高倍镜置镜筒下方。显微镜在设计制造时，都是共焦点的，即低倍镜对焦后，转换高倍镜时一般都能对准焦点，能看到物像，只需转动细调节螺旋便可使物像清晰。通过调节集光镜上的视场光阑或照明度控制钮使获得最佳照明。

(四)油镜的使用

由于细菌个体微小,需要用油镜进行观察。

1. 滴加镜油

转动粗调节螺旋,使镜台下降(或使镜筒上升),在染色标本处滴加 1～2 滴液体石蜡或香柏油。

2. 转换油镜

转动物镜转换器,把油镜置镜筒下方。

3. 调焦

转动粗调节螺旋,使镜台上升(或镜筒下降),让镜头的前端浸入镜油中。操作时要从侧面仔细观察,只能让镜头浸入镜油中紧贴着标本而避免让镜头撞击载玻片,导致玻片和镜头损坏。然后在目镜下进行观察,并缓慢地转动粗调节器使镜台下降(或使镜筒上升)即可看到物像,再转动细调节螺旋使物像清晰。

转动粗调节器使镜台下降(或使镜筒上升)时,若油镜已离开油滴,必须重新进行上述调焦操作。不得边用左眼在目镜上观察,边转动粗调节器使镜台上升(或镜筒下降)使镜头前端浸入油滴中,这样易使镜头撞击载玻片,损坏标本和镜头。

4. 调节孔径光阑和视场光阑

把孔径光阑开到最大,使与油镜的数值口径相匹配。通过调节视场光阑或照明度控制钮,选择合适的照明。

5. 显微镜使用后的处置

转动粗调节螺旋,使镜台下降(或使镜筒上升),取出染色标本玻片,然后先用擦镜纸擦去油镜上的香柏油,再用擦镜纸沾少量二甲苯(不能用酒精)擦拭去沾在油镜上的镜油,最后用擦镜纸擦净二甲苯及镜油。用液体石蜡作镜油时,可以只用擦镜纸即可擦净,不必用(或仅用极少量)二甲苯。把镜头转成“八”字形,套上镜罩后放入显微镜柜中。

6. 显微镜的维护和保养要点

显微镜是贵重精密的光学仪器,正确的使用、维护与保养,不但观察物体清晰,而且延长显微镜的使用寿命。

(1) 显微镜应放置在通风干燥,灰尘少,不受阳光直接曝晒的地方。不使用时,用有机玻璃或塑料布防尘罩罩起来。也可套上布罩后放入显微镜箱内或显微镜柜内,并在箱或柜内放置干燥剂。

(2) 显微镜要避免与酸、碱及易挥发具腐蚀性的化学物品放在一起,以免显微镜受损。

(3) 从显微镜箱或柜内取出或放入显微镜时,应一手提镜臂,另一手托镜座,让显微镜直立,防止目镜从镜筒中脱落。

(4) 显微镜应防止震动和暴力。粗、细调节螺旋、聚光镜升降螺旋和标本推进器等机械系统要灵活而不松动,如不灵活可在滑动部位滴加少许润滑油。

(5) 显微镜的目镜、物镜及调整焦距等措施判断灰尘或污脏所在的部位,如附有灰尘,则先用洗耳球吹去灰尘,或用擦镜纸轻轻擦去。若有污脏,用擦镜纸或脱脂棉球沾无水乙醚 7 份和无水乙醇 3 份的混合液轻轻擦拭,然后用擦镜纸擦干。显微镜的金属油漆部件和塑料部件,可用软布沾中性洗涤剂进行擦拭,不要使用有机溶剂。

(6) 用油镜观察后,先用控镜纸擦去镜头上的油,然后用擦镜纸沾少许上述混合液或二甲苯擦拭，最后用干净的擦镜纸擦干。混合液或二甲苯用量不要过多以免溶解胶合透镜的树脂，使透镜脱落。

五、注意事项

1. 使用油镜必须按先用低倍镜和高倍镜观察，再用油镜观察的程序操作。

2. 下降镜头时，一定要从侧面注视，切忌用眼睛对着目镜，边观察边下降镜头的错误操作，以免压碎玻片而损坏镜头。

3. 使用二甲苯擦镜头时，注意二甲苯不能过多，以防溶解固定透镜的树脂。

4. 注意保持显微镜的洁净，对金属部分要用软布擦拭，擦镜头时必须用擦镜纸，切勿用手或用普通布、纸等，以免损坏镜头。

六、实验报告内容

用油镜观察枯草芽孢杆菌的染色标本，并绘图。

七、问题和思考

1. 油镜用毕后，为什么必须把油擦净？用过多的二甲苯或用酒精擦镜油有什么危害？

2. 观察时为什么要用左眼，并且两眼都应睁开？

3. 使用油镜时，为什么选用香柏油或液体石蜡作为物镜与玻片间的介质？用其他液体行吗？

实验 2-2　暗视野显微镜的使用

一、实验目的和内容

目的： 了解暗视野显微镜的构造和原理，掌握其使用方法。

内容： 1. 暗视野显微镜的构造和原理。

2. 在暗视野显微镜下观察细菌的运动。

二、基本原理

暗视野（或称暗视场）显微镜是使用一种特殊的暗视野聚光镜或暗视野聚光器，在此聚光镜中央有一光挡，使光线只能从周缘进入并会聚在被检物体的表面，光线被超显微的质点散射进入物镜，这些微小质点，就像黑色天空中的一颗颗闪亮的小星。我们在黑暗的背景中看到的只是物体受光的侧面，是它边缘发亮的轮廓。暗视野显微术适于观察在明视野中，由于反差过小而不易观察的折射率很强的物体，以及一些小于光学显微镜分辨极限的微小颗粒。在微生物学研究工作中，常用暗视野显微术来观察活菌的运动或鞭毛等。

暗视野聚光镜有两种主要类型：一是折射型，只要在普通聚光镜放置滤光片的地方，放上一个中心有光挡的小铁环（图 2-4）就成为一个暗视野聚光镜，甚至在一圆形玻璃片中央贴上一块圆形的黑纸也可获得暗视野的效果。另一类暗视野聚光镜是反射型，为各厂家所特制，有不同形式(图 2-5)。

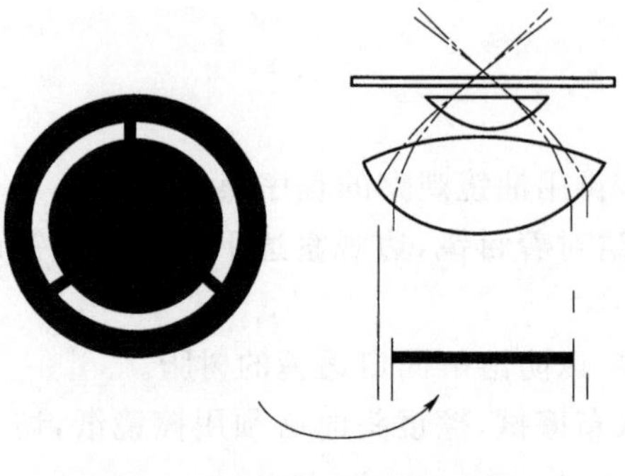

图 2-4 折射型暗视野聚光镜

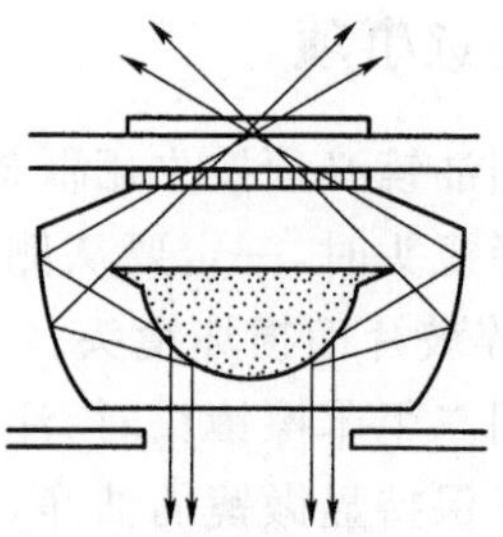

图 2-5 反射型暗视野聚光镜的路

要使暗视野显微术获得良好的效果，首先，不能有光线直射进入物镜，当用油镜时，因油镜的开口角度大，为避免直射光线进入，应选用有开口光圈的油镜；其次，要用强烈的光源，一般是使用强光源显微镜灯；第三，要求倾斜光线的焦点正好落在被检物上，这要对暗视野聚光镜进行中心调节和调焦，要求使用的载玻片不可太厚，通常为 1.0～1.2 mm，盖玻片厚度不要超过 0.17 mm。玻片应非常清洁，无油污，无划痕，以免反射光线；使用高倍物镜时，聚光镜和载玻片间要加镜油。

三、实验材料和用具

1. 微生物材料

枯草芽孢杆菌或大肠杆菌，经多次转接传代的 16～18 h 培养物。

2. 仪器和其他物品

普通光学显微镜、暗视野聚光镜、显微镜灯、盖玻片、载玻片、镜油、擦镜纸、二甲苯等。

四、操作步骤

显微镜的使用方法和步骤。

1. 安装暗视野聚光镜

将普通聚光镜取下，换上暗视野聚光镜。转动螺旋上升聚光镜。

2. 调节光源

光源要强，把集光镜上的光阑开到最大，聚光镜上的光阑调至 1.4。显微镜本身不带光源的，可用显微镜灯，调整好光源和反光镜，使强光束正好落在反光镜中央并反射入聚光镜。

3. 制片

取厚度为 1.0～1.2 mm 的洁净载玻片一块，加一滴枯草芽孢杆菌或大肠杆菌的幼龄菌液，盖上不超过 0.17 mm 厚的洁净盖玻片，注意不要有气泡。

4. 置片

加香柏油于暗视野聚光镜的顶部，下降聚光镜，然后把制片放置在载物台上，并把观察的标本移至物镜下，转动旋钮升高聚光镜，使镜油与载玻片背面相接触，这样可避免产生气泡。

5. 调焦和调中

使用低倍物镜，转动聚光镜升降螺旋，调节聚光镜的高低，可出现一个光环，最后出现一个光点，光点愈小愈好。然后用聚光镜的调中螺丝进行调节，使光点位于视野的中央（图 2-6）。

1　　2　　3

图 2-6　暗视野聚光器的中心调节及调焦
1. 聚光器光轴与显微镜光轴不一致时的情况；
2. 光轴一致，但聚光器焦点与被检物不一致的情况；
3. 聚光器焦点与被检物一致时的情况

6. 用油镜进行观察

油镜的使用及注意事项见实验 2-1。适当地进行聚光镜的调焦和调中使暗视野照明处最佳状态。转动粗、细调节螺旋，使菌体更清晰。

五、演示

暗视野显微镜的操作过程。

六、实验报告内容

描述枯草芽孢杆菌或大肠杆菌的运动情况。

七、问题和思考

1. 使用暗视野显微镜应注意哪些事项？
2. 你如何区分菌体是在进行布朗运动或随水流动或是菌体在进行自主运动？

实验 2-3　相差显微镜的使用

一、实验目的和内容

目的：了解相差显微镜的构造和原理，掌握相差显微镜的使用方法。
内容：1. 相差显微镜的使用方法。
2. 用相差显微镜观察酿酒酵母。

二、基本原理

由于活细胞多是无色透明的，光通过活细胞时，波长和振幅都不发生变化，在普通光学显微镜下，整个视野的亮度是均匀的，所以我们不能分辨活细胞内的细微结构，而相差显微镜能克服这方面的缺点。利用相差显微术观察活细胞是较好的方法。

相差显微镜（或称相衬显微镜）的形状和成像原理和普通显微镜相似。不同的是相差显微镜有专用的相关聚光镜（内有环状光阑）和相差物镜（内装相板）及调节环状光阑和相板合轴的合轴调整望远镜（图 2-7）。

相差聚光镜和普通聚光镜不同的是装有一个转盘，内有大小不同的环状光阑，在边上刻有 0、10、20、40、100 等字样，“0”表示没有环状光阑，相当于普通聚光镜，其他数字表示环状光阑的不同大小，要和10×、20×、40×、100×相应的相差物镜配合使用。环状光阑是一透明的亮环，光线通过环状光阑形成一个圆筒状的光柱。

相差物镜上刻有“ph”(phase的缩写)或一个红圈，或两者兼有作为标志。相差物镜和普通物镜相似，不同的是在物镜的内焦平面上装有一个相板，相板上有一层金属物质及一个暗环，不同放大倍数的相差物镜其暗环的大小不同。

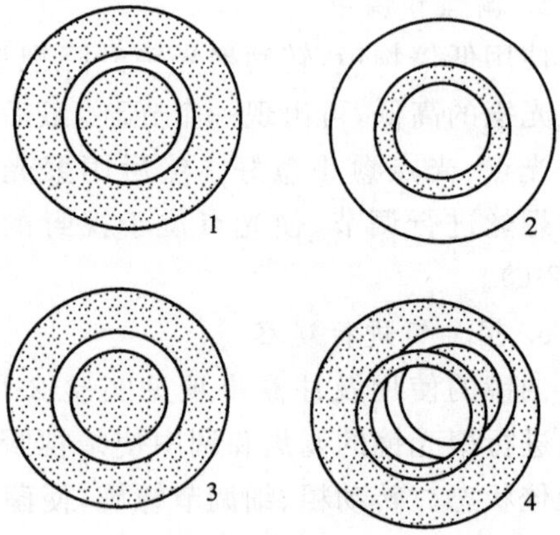

图2-7 环状光阑和相板的合轴调整
1. 相差聚光镜中的环状光阑；2. 相差物镜中的相板；3. 环状光阑和相板调节合轴；4. 环状光阑和相板不合轴

相差显微镜利用环状光阑的相板，使通过反差很小的活细胞的光形成直射光和衍射光，直射光波相对地提前或延后π/2(即1/4波长)，并发生干涉，使通过活细胞的光波由相位差变为振幅(亮度)差，活细胞的不同构造就表现出明暗差异，使人们能观察到活细胞的细微结构。

相差显微镜可分为正反差(标本比背景暗)和负反差(标本比背景明亮)两类。正反差特别适用于活细胞内部细微结构的观察。

三、实验材料和用具

1. 微生物材料

酿酒酵母的斜面或液体培养物。

2. 仪器和其他物品

相差显微镜、载玻片、盖玻片、擦镜纸、镜油等。

四、操作步骤

(一) 安装相差装置

取下普通光学显微镜的聚光镜和物镜，分别装上相差物镜和相差聚光镜。

(二) 装片

取洁净的载玻片，在玻片中央处加一滴蒸馏水，从斜面上取一环酿酒酵母置水滴中并轻轻涂抹，盖上盖玻片，勿产生气泡。若是液体培养物时，则把此菌液摇匀，用滴管加一滴菌液于载玻片中央，小心盖上盖玻片，勿使有气泡产生，把制片置载物台上。

(三) 置滤色镜

在光源前放置蓝色或黄绿色滤色镜。

(四) 场光阑的中心调整

1. 将相差聚光镜转盘转至“0”位；
2. 用10×物镜进行观察；
3. 将视场光阑关至最小孔径；

4. 转动旋钮上下移动聚光镜，使观察到清晰的视场光阑的多边影像；
5. 转动调中旋钮使视场光阑影像调中；
6. 将视场光阑开大并进一步调中使视场光阑多角形恰好与视场圆内接；
7. 再稍开大视场光阑至各边与视场圆外切。

(五) 环状光阑与相板合轴调整(图 2-7)

1. 取下一只目镜，换入合轴调整望远镜；
2. 将相差聚光镜转盘转至“10”位(与 10×物镜适配)；
3. 调整合轴，调整望远镜的焦距至能清晰地观察到聚光镜的环状光阑(亮环)和相差物镜的相板(暗环)的像；
4. 由于相板(暗环)是固定在物镜内的，而聚光镜的环状光阑(亮环)是可以水平移动的，在进行合轴调整时，调节环状光阑的合轴调整旋钮，使光环完全进入暗环并与暗环同轴；
5. 取下合轴调整望远镜，装入目镜即可进行观察；
6. 若更换别的相差物镜(如 20×、40×)时应重新进行合轴调整。若用 100×相差物镜时，标本和物镜间加入镜油，并进行合轴调整；
7. 用 40×或 100×相差物镜对酿酒酵母细胞结构进行观察。

五、演示

相差显微镜的安装及使用。

六、实验报告

绘制酿酒酵母细胞结构图。

七、问题和思考

使用相差显微镜应注意哪些事项？适用于观察何种标本？

实验 2-4 电子显微镜的使用

一、实验目的和内容

目的：了解电子显微镜结构的基本原理。掌握待测样品的制备过程。

内容：1. 透射电子显微镜观察样品的制备。

2. 在透射电子显微镜下观察短杆菌 530 噬菌体的形态。

二、基本原理

电子显微镜是观察微生物极重要的仪器。由于受光学显微镜分辨力的限制(须在 0.2 μm 以上)，如欲观察比细菌更小的微生物如病毒，或观察微生物细胞的超微结构时就必须使用电子显微镜。电子显微镜是以电子波代替光学显微镜使用的光波，电磁场的功能类似光学显微镜的透镜，整个操作系统在真空条件下进行。由于用来放大标本的电子束波长极短，当通过电场的电压为 100 kV 时，波长仅为 0.04 nm，约比可见光波短 10 000 倍，所以电镜分辨力较光学显微镜小得多，因而有非常大的放大率。通过它就可观察到更细微的物体和结构，在生命科学研究中已成为观察和描述细胞、组织、细菌和病毒等超微结构必不可少的工具。

电子显微镜诞生于 20 世纪 30 年代。1931 年德国科学家 Knoll 和 Ruska 研制出了世界上第一台透射电子显微镜（图 2-8）。1939 年 Ruska 等人研制并生产出了一系列商品电镜，其分辨率和放大倍数得到很大提高。70 年代透射电镜的点分辨率已经优于 0.3 nm，而晶格分辨率可达 0.1～0.2 nm。目前，按性能不同电镜种类可分透射电镜和扫描电镜两大类，透射电镜是由入射电子束穿过样品直接成像。加速电压一般为 50～100 kV，点分辨率为 0.2～0.3 nm，晶格分辨率为 0.1～0.2 nm，放大倍数可达 80 万倍。因电子透射力较弱，要求样品厚度较薄（50～100 nm）。样品制备技术比较复杂，有超薄切片技术、负染法、投影法和冰冻复型法等。电子显微镜主要用于研究生物大分子结构、生物膜、动植物细胞和微生物细胞和病毒的超微结构。

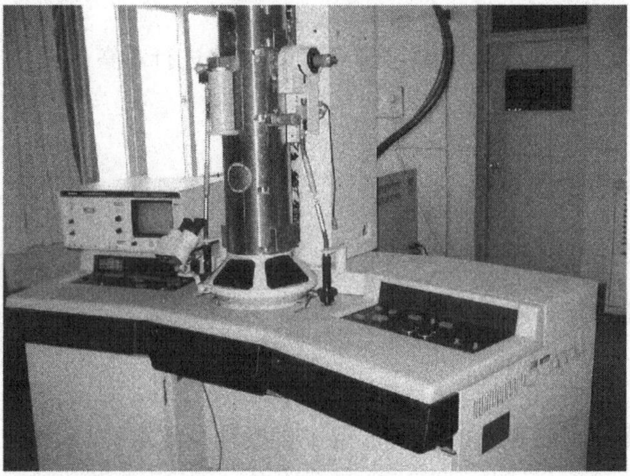

图 2-8 透射电子显微镜

三、实验材料和用具

透射电子显微镜。

高浓度短杆菌 530 噬菌体裂解液（效价 10^7 个/mL 以上）。

制备电镜观察标本所用药品材料：铜网若干枚；3%芳华（Formvar，聚乙烯醇缩甲醛）的二氯乙烷溶液；负染色用 2%磷钨酸钠溶液；滤纸；镊子；微细滴管；洁净新载片；烧杯；结晶皿。

四、操作步骤

（一）透射电镜观察样品的制备

1. 高浓度短杆菌 530 噬菌体裂解液的制备

增殖谷氨酸生产菌株短杆菌 530 噬菌体（或大肠杆菌噬菌体亦可）（方法见钱存柔等编

著的《微生物学实验教程》实验 4-2)，至效价达 10^7 个/mL 以上，加 3%(V/V)的氯仿，振荡 10 min，静置 10 min 后，取上清溶液 4 000 r/min 离心 10 min，再取少量上清液放入微量离心管内，1 000 r/min 离心 30 min，静置待用。

2. 支持膜的制备

由于整个操作均在真空环境下进行，所以观察的样品必须绝对干燥，同时由于电子流的穿透力弱，不能透过载片或较厚的样品，因而，样品需要放在支持膜上观察，常用的支持膜是以金属网作支架的载网，如火棉胶膜或芳华膜。

(1) 载网的清洗　常用的载网若是铜质的，称为铜网，直径 3 mm，并具不同的孔目规格。通常使用 150～200 目铜网(图 2-9)。

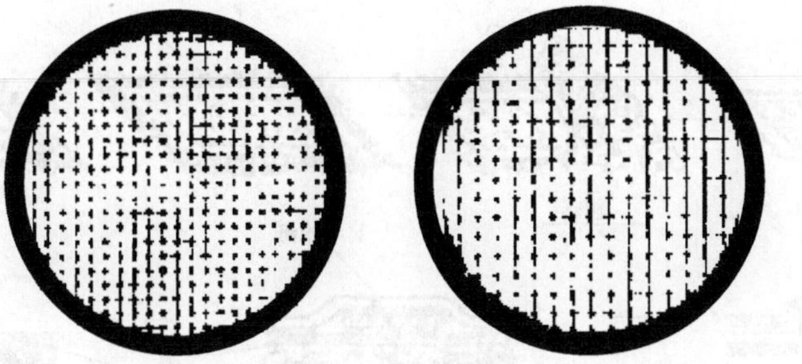

图 2-9　铜网类型

新的铜网在使用前先用丙酮清洗 2～3 次，再用无水乙醇洗两次，除去铜网上的油污，使支持膜牢固贴于铜网上。

用过的旧铜网，经清洗后可重新使用。清洗前，将其放于两载片之间压平，再将平整的铜网放入小锥形瓶中，加入浓硫酸浸没铜网，轻轻摇动，待铜网被清洗干净发出铜的光泽(约清洗 3～4 min，硫酸具腐蚀作用，不要浸泡时间过长)，倒出硫酸。加入 1 mol/L 氢氧化钠溶液摇动清洗 3～5 min，弃氢氧化钠溶液。用蒸馏水清洗 4～5 次，再用无水乙醇清洗 2～3 次，使铜网迅速干燥。保存于洁净的培养皿中。

(2) 芳华膜(Formvar membrane)的制备　先配制 0.3%芳华二氯乙烷溶液。取一洁净的高 6 cm、直径 3 cm 的称量瓶，将配好的芳华溶液倒入其中。在一洁净的结晶皿(直径 10 cm)中倒满蒸馏水。取一光洁的玻璃片(用 3 cm 厚的玻璃片，载物片大小)浸入芳华溶液中稍停取出，倾斜片刻使溶液迅速挥发，玻片上结有一层透明薄膜。用刀片或针沿玻片边缘将膜划破，将玻片斜置，其前端慢慢浸入结晶皿的蒸馏水中，待观察到前沿的膜全部脱离玻片漂于水面时，再将玻片斜置轻轻下压，玻片上的膜逐渐平整地脱离开玻片并漂浮于水面上，后撤玻片并取出。用洁净的镊子夹取铜网，以适当的间距轻放在膜上。将备好的滤纸片轻放于其上，待滤纸吸湿与铜网完全贴附后，再用镊子夹取滤纸片的一角，翻转上提将贴在铜网的滤纸片取出(制膜操作过程见图 2-10)。放于洁净的培养皿中，干燥后备用。

(3) 碳膜　碳膜的机械性能及化学稳定性优于芳华膜，而且能增强样品的稳定性，减少样品的漂移。可在芳华膜的铜网再喷上一层(5～10 nm 厚)碳膜。

3. 噬菌体电镜标本的制备及负染色技术

将前面已制备好的高效价噬菌体裂解液，用洁净的微量吸管吸取上清液少许，小心滴加

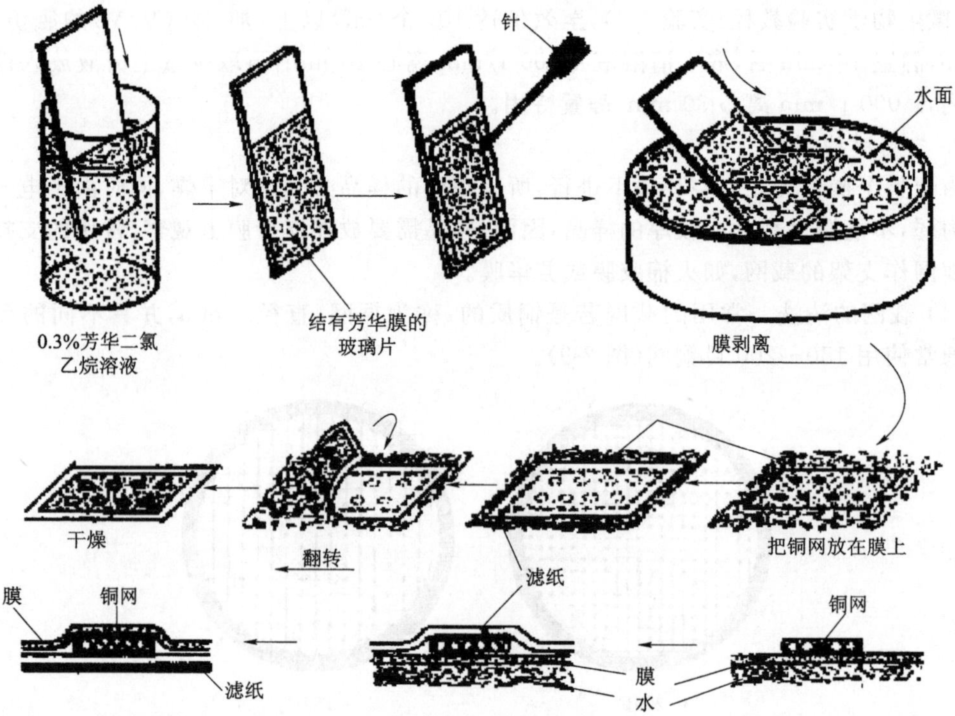

图 2-10　芳华膜(Formvar membrane)的制备

在芳华膜铜网上，形成一小液珠，静置 2～3 min，使样品吸附在膜上，用滤纸条从液滴边缘吸去部分悬液。

在电镜观察前还需将样品染色，常用的为负染色法。此法利用重金属的盐如磷钨酸盐将生物样品包围起来，在电子致密的灰黑色背景中将样品形态衬托出来。当铜网上样品近干燥时，用 2%磷钨酸钠溶液(pH7.0)滴加在样品上进行染色 1～2 min，再用滤纸条从边缘吸去染液，待其自然干燥后为电镜观察用。

(二) 电镜观察和记录

当电镜调整完毕，即可将制备好的标本装入样品室内的台上进行观察，铜网标本应先在低倍显微镜下(200 倍)挑选分散均匀、浓度适中的标本。进行观察时选择标本上最佳的区域进行拍照及观察、记录形态。

五、注意事项

制芳华膜的操作过程中注意避风防尘，动作要轻稳。

六、演示

1. 芳华膜的制备。
2. 噬菌体电镜标本的制备及负染色技术。

七、实验报告

1. 简述制备芳华膜的主要步骤。
2. 简述制备噬菌体电镜标本的步骤。
3. 拍摄你所观察的噬菌体照片并记录其形态特点。

八、问题和思考

1. 比较透射电子显微镜和普通显微镜的工作原理有何异同?
2. 电镜观察的样品为什么必须绝对干燥?为何要放在支持膜上而不放在载片上观察?

3　环境中微生物类群的观察

实验 3-1　细菌形态结构的观察

一、实验目的和内容

目的：巩固显微镜的使用；掌握细菌形态观察的基本方法，了解细菌的基本形态；学会生物图的绘制。

内容：1. 观察几种细菌的菌落形态。
2. 观察细菌的基本形态染色装片。
3. 观察枯草芽孢杆菌活菌。
4. 观察细菌细胞结构的染色装片。

二、实验材料及用具

溶血链球菌（*Streptococcus haemolyticus*）、棒杆菌（*Corynebacterium sp.*）、螺菌（*Spirillum sp.*）、浮游衣球菌（*Sphaerotilus natans*）、巨大芽孢杆菌（*Bacillus megaterium*）、苏云金芽孢杆菌（*Bacillus thuringiensis*）、普通变形菌（*Proteus vulgaris*）、丙酮丁醇梭菌（*Clostridium acetobutylicum*）、褐球固氮菌（*Azotobacter chroococcum*）等细菌的染色装片，枯草芽孢杆菌（*Bacillus subtilis*）的斜面菌种。

土壤分离的细菌平板三个。

香柏油、二甲苯、无菌水。

显微镜、擦镜纸、接种环、酒精灯、盖玻片、吸水纸、小滴管。

三、基本原理

形态观察主要包括群体形态（菌落形态）和个体形态观察两个方面。

细菌的基本形态主要可分为球菌、杆菌、螺菌三大类，环境微生物学中还包括丝状菌，近年来还发现有星状和四方形细菌等。在适宜的生长条件下，细菌形态一般在其幼龄阶段呈现出特定形态，正常而整齐。但若培养条件发生变化或其老龄培养物则常出现异常形态，其形态受培养基成分、浓度、培养温度、培养时间等环境条件的影响。

细菌经稀释分离或划线分离接种在固体培养基上，在适宜的培养条件下，单个菌体经生长繁殖在固体表面形成的菌落具有一定特征。若接种在斜面培养基上，由于接种量大，菌体生长连成片状则称为菌苔。细菌菌落大多数表面光滑湿润，有光泽，一般菌落较小，质地颜色均匀、多样，同培养基结合不紧密。菌落特征与组成菌落的细胞结构、生长状况、排列方式、好气性和运动性等直接相关。细菌的菌落及个体形态特征是辨认、鉴定菌种的重要依据。

细菌个体微小，且较透明，必须借助染色法使菌体着色，显示出细菌的一般形态结构及特殊结构，在显微镜下用油镜进行观察。根据细菌个体形态观察的不同要求，可将染色分为3种类型即简单染色、鉴别染色和特殊染色。

四、操作步骤

(一) 实验室环境中微生物的检查

本实验通过检查实验室环境及手指、钱币等处微生物的存在，从而加深学生对微生物在自然界广泛分布的认识，并增强学生的无菌观念。

预先制备肉膏蛋白胨培养基平板，培养基底部用红蜡笔划分为几个区域，分别用手指、钱币等轻轻在平板培养基上涂抹。如要检查空气中的微生物时，则将培养皿的皿盖打开，在空气中暴露5～10 min，再盖上皿盖，37 ℃培养24～48 h观察结果。

(二) 观察平板上的细菌菌落

注意菌落的形状、高度、大小、颜色，是否湿润、光泽、透明度、边缘状况等等。

(三) 观察细菌的基本形态

用低倍镜、高倍镜和油镜观察溶血链球菌、棒杆菌、螺菌、浮游球衣菌的染色装片，并分别在油镜下绘图。

(四) 观察细菌的细胞结构

用低倍镜、高倍镜和油镜观察巨大芽孢杆菌(示细胞壁)、巨大芽孢杆菌(示异染粒)、苏云金芽孢杆菌(示伴胞晶体)、普通变形菌(示鞭毛)、丙酮丁醇梭菌(示芽孢)、褐球固氮菌(示荚膜)等细菌的染色装片，并分别在油镜下绘图。

(五) 观察枯草芽孢杆菌活菌

常用压滴法，如图3-1所示。

1. 将洁净无油腻的载片放于自己右边前方，在中央放一小滴无菌水。
2. 将酒精灯放于自己正前方，点燃。
3. 用无菌操作方法从枯草芽孢杆菌斜面中沾取少量菌体，与载片上的水滴充分混匀把接种环上残留的菌体杀灭后，放回试管架。
4. 用镊子夹一洁净的盖玻片，使其一边先接触菌液，然后将整个盖玻片慢慢放下，注意不要产生气泡。如菌液过多，可用汲水纸适当吸去一部分。
5. 先用低倍镜然后转用高倍镜观察，观察时光线要适当调暗些。

五、注意事项

1. 注意擦镜头时，只能用擦镜纸。
2. 观察完毕，必须将镜筒上升，才能取下装片。放入另一装片后，要按使用油镜要求，重新操作，不能在油镜下直接取下和替换装片，切记！
3. 无菌操作过程中，接种环灭菌后不能触及其他物品，挑菌不能过多。

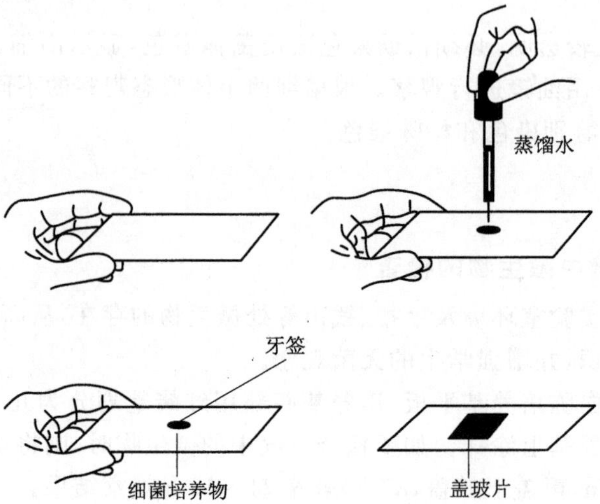

图 3-1 常用压滴法示意图

六、演示

1. 细菌细胞结构装片示范镜。
2. 无菌操作过程。
3. 怎样盖盖玻片才不产生气泡。

七、实验报告

(一) 绘图

1. 绘出你所观察到的几种细菌的个体形态视野图。
2. 绘出你所观察到的细菌细胞结构视野图,并注明各部分。

(二) 试指出在制备活菌装片时,应注意什么问题?

八、问题和思考

1. 用明视野显微镜观察细菌的形态时,你认为用染色装片好,还是用非染色的活体装片好,为什么? 观察活体装片与染色装片,光线调节各有什么不同?
2. 无菌操作过程中,可否将棉塞放在桌面上? 为什么?
3. 试设计一个准备本实验的工作方案。

实验 3-2 放线菌的形态观察

一、实验目的和内容

目的: 辨认放线菌的营养菌丝、气生菌丝、孢子丝、孢子的形态及菌落特征;学习放线菌的观察方法。

内容：用印片法、插片法观察放线菌的形态特征。

二、基本原理

放线菌的菌落在培养基上着生牢固，与基质结合紧密，难以用接种针挑取。

放线菌细胞一般呈分枝无隔的丝状，纤细的菌丝体分为在培养基内部的基内菌丝和伸出培养基表面的气生菌丝。气生菌丝上部分化成孢子丝，呈螺旋状、波浪状，或分枝状等，其着生的形式也有所不同。菌丝呈各种颜色，有的还能分泌水溶性色素到培养基内。孢子丝长出孢子，孢子的形状多种多样，表面结构各异，孢子也具各种颜色。由于大量孢子的存在，使菌落表面呈现干粉状，从菌落的形态特点容易同其他类微生物区分开来。这些形态特点都是菌种鉴定和分类的重要依据。

三、实验材料和用具

灰色链霉菌、淡紫色灰链霉菌（培养好的菌落平板及插片平板）。

载片及盖片、0.1%美蓝染液。

四、操作步骤

1. 菌落形态及菌苔特征的观察

以无菌操作用接种环分别取少许灰色链霉菌或淡紫灰链霉菌制成菌悬液，在平板培养基上划线接种，25～28 ℃培养 5～7 d。观察放线菌菌落表面形状、大小、颜色、边缘，以及有无色素分泌到培养基内等；并用接种环挑取菌落，注意菌丝在培养基上着生的紧密情况。区别基内菌丝、气生菌丝及孢子丝的着生部位。

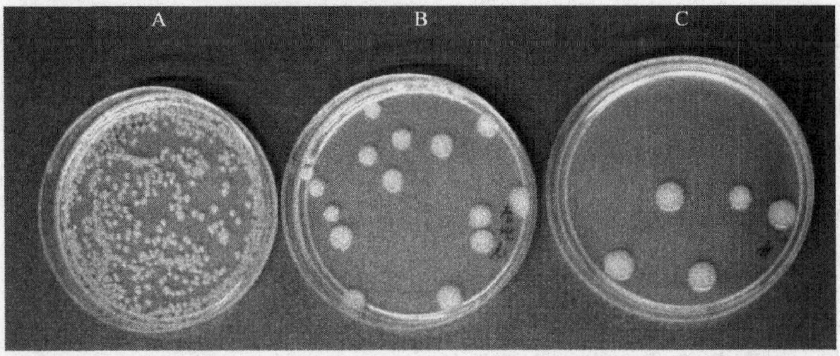

图 3-2 大肠杆菌（E. col）三级稀释平板示意（照片来自：K. L. Josephson）

2. 个体形态特征的观察

取生长有灰色链霉菌和淡紫灰链霉菌菌落的平板，选择菌丝和孢子生长较薄的部位，直接置于低倍镜或高倍镜下观察。或用接种铲取下一小块带有菌落的一薄层培养基，平置于载片上，然后分别在低倍镜和高倍镜下观察。注意放线菌菌丝直径的大小和孢子丝的形状。哪种菌的孢子丝呈螺旋状？

3. 孢子形状的观察

取灰色链霉菌和淡紫灰链霉菌划线培养的平板，用印片法观察孢子及孢子丝。用镊子取一洁净盖片，轻放在菌落表面按压一下，使部分菌丝及孢子贴附于盖片上。在载片上加一小滴 0.1%美蓝染液，将盖片带有孢子的面向下，盖在染液上，用吸水纸吸去多余的染液，在高倍镜下观察孢子丝及孢子的形态，有些制片也能观察到无隔的气生菌丝。

4. 用插片法观察放线菌形态特征

用无菌镊子取数块无菌盖片，以 45°角斜插在平板培养基上(图 3-3)。用接种环取孢子接种于盖片内侧基部中央部位，28 ℃培养 5～7 d。用镊子取出盖片，轻轻擦去外侧下部沾有的培养基，将其带有菌丝的面向下，轻放盖在载片中央滴有美蓝的染液上，在显微镜下观察(也可不加染液即刻观察)。注意孢子的形状、大小以及表面是否光滑或有刺。

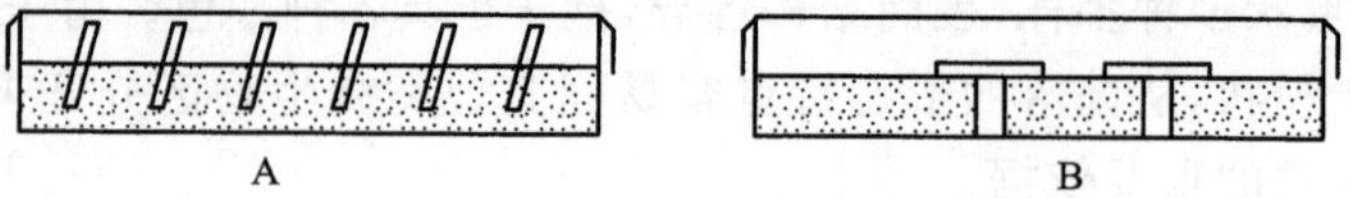

图 3-3 放线菌的插片与搭片培养示意图

A. 插片法；B. 搭片法

五、注意事项

1. 培养放线菌中要注意，放线菌的生长速度较慢，培养期较长，在操作中应特别注意无菌操作，严防杂菌污染。
2. 插片法中盖片的插入深度约占盖片 1/2 长度。
3. 不同观察方法中严格按要求进行，注意菌体的上下位置。

六、演示

观察灰色链霉菌的气生菌丝、孢子丝及孢子的形状。

七、实验报告

1. 描述你所观察到的放线菌菌落特征。
2. 绘图：灰色链霉菌和淡紫灰链霉菌的气生菌丝、孢子丝及孢子的形态。

八、问题和思考

1. 在高倍镜或油镜下如何区分放线菌的基内菌丝和气生菌丝？
2. 放线菌为何属于原核微生物？
3. 放线菌与细菌菌落最显著的差异是什么？

实验 3-3 酵母菌的形态观察

一、实验目的和内容

目的： 了解自然存在的酵母菌及其形态结构。了解酵母菌产生子囊孢子的条件及其形态。

内容：1. 观察酵母菌个体形态。

2. 观察酵母菌的假菌丝和繁殖过程。

3. 观察酵母菌的菌落特征。

二、基本原理

酵母菌细胞一般呈卵圆形、圆形、圆柱形或柠檬形。每种酵母细胞有其一定的形态大小。大多数酵母在平板培养基上形成的菌落较大而厚，湿润、较光滑，颜色较单调（多为乳白色，少有红色，偶见黑色）。酵母细胞核与细胞质有明显的分化，个体直径比细菌大几倍到几十倍。繁殖方式也较复杂，无性繁殖主要是出芽生殖，有些酵母菌能形成假菌丝。有性繁殖是通过接合形成子囊及子囊孢子。

观察酵母菌个体形态时，应注意其细胞形状；无性繁殖是芽殖或裂殖，芽体在母体细胞上的位置，无假菌丝等特征；有性繁殖形成的子囊和子囊孢子的形状及数目。

三、实验材料和用具

酿酒酵母（*Saccharomyces*）、热带假丝酵母（*Candida tropicalis*）斜面菌种。

PDA 培养基、麦氏（McCLary）培养基（醋酸钠培养基）、0.05％美蓝染色液（以 pH6.0 的 0.02 mol/L 磷酸缓冲液配制）、碘液、0.04％的中性红染色液、5％孔雀绿、0.5％沙黄液、95％乙醇。

显微镜、载玻片、擦镜纸、盖玻片、接种环、V 形玻璃棒、放置一个三角形玻璃棒支架的培养皿。

四、操作步骤

1. 酵母菌的活体染色观察及死亡率的测定

(1) 无菌水洗下 PDA 斜面培养的酿酒酵母菌苔，制成菌悬液。

(2) 0.05％美蓝染色液 1 滴，置载玻片中央，并用接种环取酵母菌悬液与染色液混匀，染色 2～3 min，加盖玻片，在高倍镜下观察酵母菌个体形态，区分其母细胞与芽体，区分死细胞（蓝色）与活细胞（不着色）。

(3) 在一个视野里计数死细胞和活细胞，共计数 5～6 个视野。

酵母菌死亡率一般用百分数来表示，以下式来计算：

$$死亡率=\frac{死细胞总数}{细胞总数}\times 100\%$$

2. 酵母菌液泡系的活体观察

于洁净载玻片中央加一滴中性红染色液，取少许上述酵母菌悬液与之混合，染色 5 min，加盖玻片在显微镜下观察。细胞无色，液泡呈红色。

3. 酵母菌细胞中肝糖粒的观察

将 1 滴碘液置于载玻片中央，接入上述酵母菌悬液，混匀，盖上盖玻片，显微镜观察，细胞内的贮藏物质肝糖粒呈深红色。

4. 酵母菌子囊孢子的观察

(1) 活化酿酒酵母：将酿酒酵母接种到新鲜的麦芽汁培养基上，置 28 ℃培养 2～3 d，然后再移植 2～3 次。

(2) 移接产孢培养基：将活化的酿酒酵母移接到醋酸钠培养基上，置 30 ℃恒温培养 14 d。

(3) 观察：挑取少许产孢菌苔于载玻片的水滴上，经涂片、热固定后，加数滴孔雀绿，1 min 后水洗，滴加 95％乙醇脱色 30 s，水洗，最后用 5％沙黄液复染 30 s，水洗支染色液，最后用吸水纸吸干。制片干燥后，镜检，子囊孢子呈绿色，子囊为粉红色。注意观察子囊孢子的数目、形状和子囊的形成率。

(4) 计算子囊形成的百分率：计数时随机取 3 个视野，分别计数产子囊孢子的子囊数和不产孢子的细胞，然后按下列公式计算：

$$\text{子囊形成率}(\%)=\frac{3\text{个视野中形成子囊的总数}}{3\text{个视野中(形成子囊的总数}+\text{不产孢子细胞总数)}}\times 100\%$$

5. 酵母菌假菌丝的观察

取一无菌载玻片浸于溶化的 PDA 培养基中，取出放在湿室培养的支架上，待培养基凝固后，进行酵母菌划线接种，然后将无菌盖玻片盖在接菌线上(图 3-4)，28 ℃培养 2～3 d 后，取出载玻片，擦去载玻片下面的培养基，在显微镜下直接观察。可见到芽殖酵母形成的藕节状假菌丝，裂殖酵母则形成竹节状假菌丝(图 3-5)。

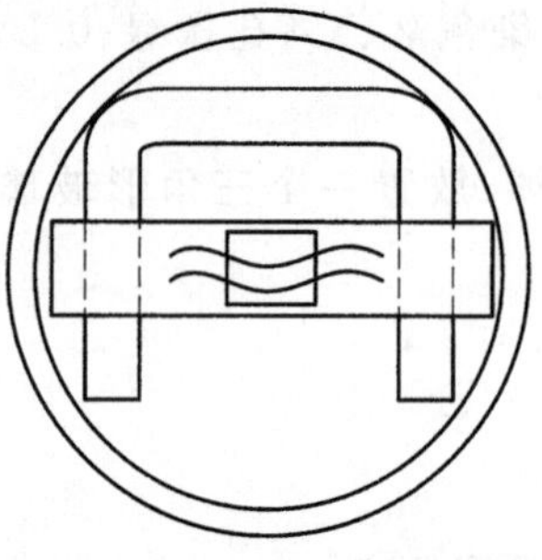

图 3-4 酵母菌假菌丝的培养

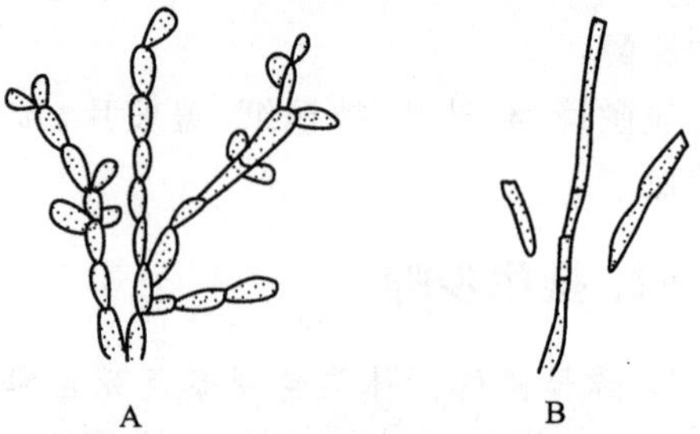

图 3-5 酵母菌的假菌丝形态
A. 藕节状假菌丝；B. 竹节状假菌丝

6. 自然状态下的酵母菌观察

取一滴美蓝染色液于载玻片中央，春夏秋季取酱油或腌菜上的白膜，冬季取腌酸菜汤上的白膜，将其置于载玻片染色液中，盖上盖玻片，显微镜下仔细观察酵母菌形成，出芽生殖，假菌丝等。

五、注意事项

1. 用于活化酵母菌的麦芽汁培养基要新鲜、表面湿润。
2. 在产孢培养基上加大移种量，可提高子囊形成率。
3. 通过微加热增加酵母的死亡率，易于观察死亡细胞。

六、演示

1. 酵母菌子囊及子囊孢子，酵母菌假菌丝的示范镜。
2. 假菌丝培养的操作过程。

七、实验报告

(一) 绘图

1. 画个酵母菌细胞，展示观察到的结构。
2. 画个子囊及子囊孢子形态图。

(二) 记录并计数酵母菌的死亡率及子囊形成率(原始记录及计算结果)

八、问题和思考

1. 酵母菌的假菌丝是怎样形成的？与霉菌的真菌丝有何区别？
2. 如何区别营养细胞和释放出的子囊孢子？
3. 试设计一个从子囊中分离子囊孢子的试验方案。

注：

酵母菌的简易培养：配 2% 葡萄糖水(或白糖水)，煮沸，装入三角瓶中(液面高度 2～3 cm)，加 HCl 调到 pH3～4，放入几块葡萄皮(或其他糖分较高的果皮)，置 25～28 ℃温箱中培养 2～3 d，闻到酒香味后，即可取培养液镜检。

实验 3-4　霉菌的形态观察

一、实验目的和内容

目的：了解霉菌形态，掌握微生物载玻片湿室培养方法。

内容：1. 霉菌载玻片湿室培养。
2. 曲霉、青霉、根霉、毛霉形态观察。
3. 根霉假根的观察。

二、基本原理

霉菌是由许多交织在一起的菌丝体构成。在潮湿条件下，生长繁殖长出丝状、绒毛状或蜘蛛网状的菌丝体，并在形态及功能上分化成多种特化结构。菌丝在显微镜下呈管状，有的有横隔将菌丝分割为多细胞(青霉、曲霉)，有的菌丝没有横隔(如毛霉、根霉)。菌丝的直径比一般细菌和放线菌菌丝大几倍到十几倍。菌落形态较大，质地较疏松，颜色各异。菌丝体经制片后可用低倍或高倍镜观察。在观察时要注意菌丝直径的大小，菌丝体有无隔膜，营养菌丝有无假根，无性繁殖时形成的孢子种类及着生方式。

三、实验材料和用具

产黄青霉(*Penicillium chrysogenum*)、黑曲霉(*Aspergillus niger*)、黑根霉(*Rhizopus nigricans*)、总状毛霉(*Mucor racemosus*)等斜面菌种。

半固体 PDA 培养基、乳酸苯酚固定液、棉蓝染色液、20% 甘油。

透明胶带、剪刀、培养皿、载玻片、门形玻棒搁架、盖玻片、圆形滤纸片、细口滴管、镊子、显微镜、接种环。

四、操作步骤

(一) 霉菌的载玻片湿室培养

可 4 人合作,每人制作一霉菌的载玻片。

1. 准备湿室　在培养皿底铺一张圆形滤纸片,其上放一“冂”形载玻片搁架,在搁架上放一块载玻片和两块盖玻片,盖上皿盖,外用纸包扎,经 121 ℃湿热灭菌 30 min 后,置 60 ℃烘箱中烘干,备用。

2. 取菌接种　用接种环挑取少量待观察的霉菌孢子至湿室内的载玻片上,每张载玻片可接同一菌种的孢子两处。接种时只要将带菌的接种环在载玻片上轻轻碰几下即可(务必记住接种的位置)。

3. 加培养基　用无菌细口滴管吸取少量融化约 60 ℃的培养基,滴加到载玻片的接种处,培养基应滴得圆而薄,其直径约为 0.5 cm(滴加量一般以 1/2 小滴为宜)。

4. 加盖玻片　在培养基未彻底凝固前,用无菌镊子将皿内盖玻片盖在琼脂块薄层上,用镊子轻压,使盖玻片和载玻片间的距离相当接近,但不能压扁,否则不透气。

5. 倒保湿剂　每皿倒入约 3 mL 20%的无菌甘油,使皿内的滤纸完全润湿,以保持皿内湿度。皿盖上注明菌名、组别和接种日期。此为制成的载玻片湿室,置 28 ℃恒温培养 3～5 d。

(二) 黑根霉假根的培养

将融化的 PDA 培养基,冷却至 50 ℃倒入无菌平皿,其量约为平皿高度的 1/2。冷凝后,用接种环沾取根霉孢子,在平板表面划线接种。然后将平皿倒置,在皿盖内放一无菌载玻片,于 28 ℃培养 2～3 d 后,可见根霉的气生菌丝倒挂成胡须状,有许多菌丝与载玻片接触,并在载玻片上分化出假根和匍匐菌丝等结构(图 3-6)。

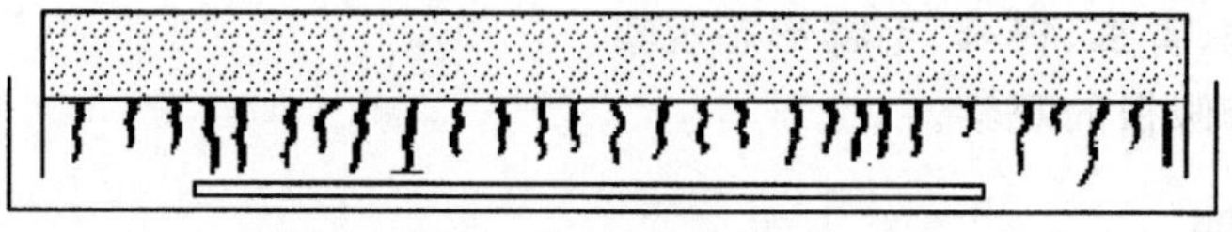

图 3-6　根霉假根的培养

(三) 镜检观察

1. 湿室培养霉菌镜检载玻片

从培养 16～20 h 开始,通过连续观察,可了解孢子的萌发、菌丝体的生长分化和子实体的形成过程。将湿室内的载玻片取出,直接置于低倍镜和高倍镜下观察曲霉、青霉、毛霉和根霉等霉菌的形态,重点观察菌丝是否分隔,曲霉和青霉的分生孢子形成特点,曲霉的中细胞,根霉和毛霉的孢子囊和孢囊孢子。绘图。

2. 粘片观察

取一滴棉蓝染色液置于载玻片中央,取一段透明胶带,打开霉菌平板培养物,粘取菌体,粘面朝下,放在染液上。镜检。

3. 假根观察

将培养根霉假根的平皿打开,取出皿盖内的载玻片标本,在附着菌丝体的一面盖上盖玻片，置显微镜下观察。只要用低倍镜就能观察到假根及从根节上分化出的孢子囊梗、孢子囊、孢囊孢子和两个假根间的匍匐菌丝，观察时注意调节焦距以看清各种构造。

4. 制成永久装片

把观察到霉菌形态较清晰、完整的片子，制成标本作较长期保存。制备方法是，轻轻揭去盖玻片，如果载玻片上有琼脂，仔细挑去，然后滴加少量乳酸苯酚固定液，盖上清洁盖玻片，在盖玻片四周滴加树胶封固。

五、注意事项

载玻片湿室培养时，盖玻片不能紧贴载玻片，要彼此有极小的缝隙，一是为了通气；二是使各部分结构平行排列，易于观察。

六、演示

1. 4 种霉菌制片的示范。
2. 载玻片湿室培养方法。

七、实验报告

(一) 绘制镜检形态图

1. 毛霉和根霉形态图，示各部。
2. 青霉和曲霉形态图，示各部。

(二) 载玻片观察记录

各菌种的载玻片标本观察结果：

菌种	菌丝体（气生菌丝、营养菌丝的粗细、色泽，菌丝有隔或无隔等）	无性孢子特征（孢子梗的分化特征，孢子着生特征等）	其他特征结构（有无假根、中细胞、匍匐菌丝、囊轴等）

八、问题和思考

1. 什么叫载玻片湿室培养？它适用于观察怎样的微生物，有何优点？
2. 湿室培养时为什么用 20%甘油作保湿剂？
3. 本实验中观察假根的设计原理是什么？此设计还适合于培养哪类菌？

共有16个中格，每个中格分为25个小格。另一种是25×16型，称为希里格式血细胞计数板，共有25个中格，每个中格又分成16个小格。但是不管哪种规格的血细胞计数板其计数室的小格均由400个小方格组成。应用血细胞计数板在显微镜下直接计算微生物细胞的数量，方法是先测定若干个方格中的微生物细胞，再换算成每毫升菌液(或每克样品)中微生物细胞数量。

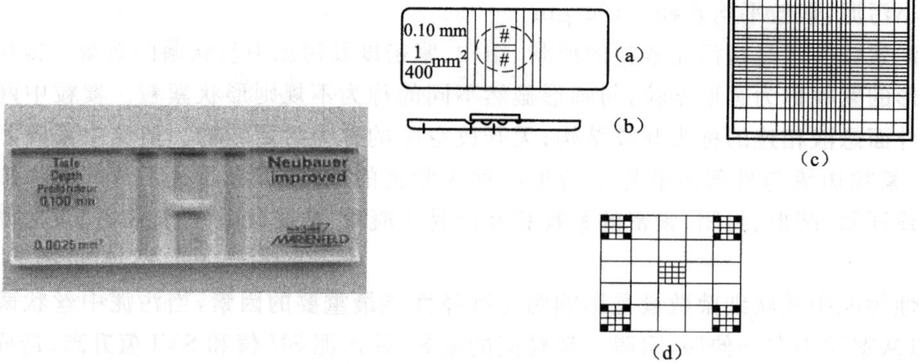

图4-1　血球计数板的构造

(a) 正面体；(b) 纵切面图；

(c) 放大后的方格网计数室；(d) 放大后的计数室血球计数板的构造

计数时，如用16×25型计数板则按对角线方位，取左上、右上、左下、右下4个大格(共4个大格，100个小格)内的细胞逐一进行计数；如使用规格为25×16型的计数板，则除取左上、右上、左下、右下4个大格外，还需加中央的一个大格(共5个大格，80个小格)内的细胞。计数时当遇到大格线上的细菌时，一般只计此大格的上方及右方线上的细胞(或只计下方及左方线上的细胞)，将计得的细胞数填入结果表中，对每个样品重复计数3次，取其平均值，按公式计算每毫升菌液中所含的细菌细胞数。

2. 载玻片直接镜检计数

(1) 摇动菌液使其混合均匀，用无菌测量移液管取菌液0.01 mL于载玻片上，并用无菌接种环均匀地涂布在1 cm^2的面积上。风干，固定，结晶紫染色1 min，冲洗，干燥备用。

(2) 用物镜测微尺，测量显微镜油镜观察时的视野直径，并以$S=\pi R^2$公式，计算出视野面积。

(3) 将涂片置于载物台，滴香柏油，以油镜观察，不断变化视野，共观察10个视野，计数每一视野中细菌个数。以下列公式计算每毫升菌液中的含菌数量。

$$\text{原菌液菌数(个}\cdot\text{mL}^{-1}\text{)}=\frac{1\ \text{cm}^2}{1\text{个视野的面积}}\times\text{视野中的平均菌数}\times100\times\text{稀释倍数}$$

3. 微型动物的计数

(1) 取活性污泥曝气池混合液盛于烧杯内，用玻棒轻轻搅匀，如混合液较浓，可稀释一倍后观察。

(2) 取洁净滴管(滴管每滴水的体积应预先测定，一般可选用一滴水的体积为1/20 mL滴管)，吸取搅匀的混合液，加一滴(1/20 mL)到计数板中央的方格内，然后加上一块洁净的大号盖玻片，使其四周正好搁在计数板四周凸起的边框上。

(3) 用低倍镜进行计数。注意所滴加的液体不一定要求布满整个100格小方格。计数时只要把充有污泥混合液的小方格挨着次序依次计数即可。观察时同时注意各种微型动物的活动能力、状态等。若是群体,则需将群体上的个体分别逐个计数。

(4) 计算

16×25型血细胞计数板的计算公式:

$$\text{菌细胞数/mL}=\frac{\text{100 小格内细菌细胞数}}{100}\times 400\times 1\,000\times \text{稀释倍数}$$

25×16型血细胞计数板的计算公式:

$$\text{菌细胞数/mL}=\frac{\text{80 小格内细菌细胞数}}{80}\times 400\times 1\,000\times \text{稀释倍数}$$

五、注意事项

直接镜检计数完毕,用蒸馏水冲洗计数板。绝不能用硬物洗刷。洗后待其自行晾干,或用滤纸沾干。最后用擦镜纸擦干净。若计数是病原微生物,则需先浸泡在5%的石炭酸溶液中进行消毒,然后再进行清洗。

六、演示

1. 显微镜下活性污泥微生物相的观察。
2. 显微镜下显示计数板计数室。

七、实验报告

1. 活性污泥镜检记录结果:将观察结果填入下表,在符合处打"√"表示。

絮体大小		大;中;小;平均 μm
絮体形态		圆形;不规则
絮体结构		开放;封闭
絮体紧密度		紧密;疏松
丝状菌数量		0;±;+;++;+++
游离细菌		几乎不见;少;多
微型动物	优势种(数量及状态)	
	其他种(种类、数量及状态)	

2. 计数板直接镜检计数结果:

计算次数	各大格中细胞数					大格中细胞总数	稀释倍数	总菌数(个·mL^{-1})
	左上	右上	右下	左下	中间			
1								
2								
3								
均值								

3. 设计一个方案，如何计数市售酸奶或三株口服液或菌肥制品的单位含菌数。

八、问题和思考

1. 根据你的体会，血细胞计数板计算的误差主要来自哪些方面？应如何减少误差？

2. 试比较城市生活污水处理厂活性污泥与工业废水处理系统中的活性污泥性状以及微型动物的种类、数量等有何差异？

实验 4-2 活性污泥中丝状微生物的鉴别

一、实验目的和内容

目的： 了解活性污泥中丝状微生物的形态特征；学会活性污泥中丝状菌的几种鉴别方法。

内容： 1. 丝状菌的形态观察。

2. 活性污泥丝状菌的鉴别(革兰氏染色、纳氏染色、积硫试验)。

3. 查检索表。

二、实验原理

丝状微生物是一大类菌体细胞相连而形成丝状的微生物的统称，其包括丝状细菌、丝状真菌、丝状藻类(蓝细菌)等。

丝状微生物，特别是丝状细菌之所以引起人们的高度重视，是由于它们同菌胶团细菌一起，构成了活性污泥絮体的主要成分，并且有很强的氧化分解有机物的能力，当它们超过菌胶团细菌而占优势生长时，由于它的比表面积大，会影响絮体的沉降性能，造成污泥膨胀，以致严重影响处理效果。

Eikelboom(1975，1981)对丝状微生物的鉴别做了大量工作，他从产生膨胀的活性污泥中采取数千个样品，按照以下几个方面，将活性污泥中的丝状微生物区分成 29 个类型，其中大多为丝状细菌：① 是否存在衣鞘；② 滑行运动；③ 真分支或假分支；④ 丝状体的长短、形状和性质；⑤ 细胞的直径、长短和形状；⑥ 革兰氏染色反应；⑦ 纳氏染色反应；⑧ 有无内含物(PHB、硫粒和异染粒等)。本试验依照 Eikelboom 的方法对活性污泥中的丝状微生物作一鉴别。

三、实验材料和用具

显微镜、载玻片、盖玻片、目镜测微尺、台镜测微尺。

活性污泥(或生物膜)样品。

革兰氏染液、纳氏染液、Na_2S 溶液、酒精溶液。

四、操作步骤

(一) 特征观察

借助显微镜，观察丝状微生物的长度、直径、分支的有无、横隔和运动状态等。

1. 长度、直径：用目微尺度量。

2. 分支：某些丝状微生物的丝体有时有分支，分支有真假之分，细胞是分支的称真分支。有的鞘细胞可产生假分支，它的游离细胞若附着在鞘上，可生长成新的丝体。有时鞘有损伤，外侧形成开口，开口附近的细胞则进一步生长而形成分支，这即为假分支。

3. 运动性：只有少数滑行细菌能作蛇样的滑行运动，其游离于污泥絮粒之间。

4. 内含物：某些丝状细菌细胞内可含有贮藏物质，因折光性与细胞中其他部分不同，很易观察，常见的有聚-β-羟基丁酸(PHB)及硫粒。两者的区别是：滴加酒精后硫粒溶于酒精，而 PHB 依然完整。

5. 横隔：相邻两个细胞间的壁。

6. 丝体的形状：一般分下列三种，笔直丝体（在丝体较长时亦可略有弯曲）、弯曲丝体以及扭曲或卷曲的丝体。

7. 附着生长物：丝状菌表面通常很“光滑”，如在丝体表面附有细菌或小絮体，称为“附着生长物”。

8. 缩缢：某些具有连续外壁的丝状菌在横隔处因外壁收缩而形成的凹缢。

9. 细胞的形状：可区分成球状、杆状、圆盘状或椭圆状。有时丝体外壁无缩缢，这类细胞也可称为方形或长方形细胞。

10. 鞘：为具鞘的丝状细胞体外圆柱形的管状结构，染色片中往往可明显地看到鞘。

（二）染色技术

不同的丝状微生物对某些特定的染色反应各不相同，据此可以很容易地将它们区分开来。

1. 革兰氏染色

这是鉴别细菌的一个重要方法。

(1) 涂片：在洁净的载玻片中央滴一小滴蒸馏水，用接种针以无菌操作从菌种斜面上取少量菌体与水滴混合，涂成均匀的薄层。

(2) 固定：将涂片放在离火焰较远处，以微热烘干，温度以不烫手为宜，烘干后再在火焰中央快速通过 3～4 次，使菌体完全固定在载玻片上。

(3) 染色：用结晶紫浓染液染 1 min，水洗，使干。

(4) 媒染：用碘液媒染 1 min，水洗，使干。

(5) 脱色：连续滴加 95% 乙醇使其脱色，直至滴下的乙醇无色为止（约 0.5～1 min），水洗，使干。

(6) 复染：用藏红花复染 1 min，水洗，使干。

(7) 镜检：先用低倍镜找到部位，再用高倍镜、油镜观察染色情况。革兰氏阳性(G^+)呈紫色；革兰氏阴性(G^-)呈红色。

2. 纳氏染色

(1) 制备涂片；

(2) 取二份纳氏染色 A 液，一份纳氏染色 B 液相混，染色 10～15 s，水冲，使干；

(3) 取纳氏染色 C 液染色 15 s；

(4) 水冲，干燥后镜检。

纳氏染色阴性的丝状菌菌体呈浅棕色至微黄色，阳性菌丝状体内含有深色颗粒或整个

5　培养基的配制及灭菌

培养基是指利用人工方法将适合微生物生长繁殖或积累代谢产物的各种营养物质混合配制而成的营养基质。主要用于微生物的分离、培养、鉴定以及菌种保藏等方面。培养基一般应含有微生物生长繁殖所需要的碳源、氮源、能源、无机盐、生长因子和水等营养成分。此外，为了满足微生物生长繁殖或积累代谢产物的要求，还必须控制培养基的 pH。一般细菌、放线菌适于生长在中性或微碱性的环境中，而酵母菌和霉菌则适于生长在偏酸性的环境中。因此，在配制培养基时，须将培养基调节在一定 pH 的范围内。迄今为止，培养基的种类极其繁多。

按培养基的成分，可将培养基分为天然培养基、合成培养基和半合成培养基。天然培养基是指利用动物、植物、微生物或其他天然有机成分配制而成的培养基。其优点是营养丰富、价格便宜。缺点是成分不能准确确定且不稳定。实验室常用的牛肉汁或麦芽汁培养基即为天然培养基。合成培养基是指完全利用已知种类和成分的化学试剂配制而成的培养基。优点是各成分已知且含量稳定，缺点是价格较贵。实验室常用的高氏一号培养基即为合成培养基。半合成培养基是指由天然有机成分和已知化学试剂混合组成的培养基。实验室常用的马铃薯葡萄糖培养基即为半合成培养基。

按培养基的物理状态，可将培养基分为固体培养基、半固体培养基和液体培养基。固体培养基是指在液体培养基中加入一定量的凝固剂（常加 1.5%～2%的琼脂）经融化冷凝而成。半固体培养基是指在液体培养基中加入 0.3%～0.7%左右的琼脂，经融化冷凝而成。液体培养基是指培养基中不加凝固剂琼脂，培养基呈液体状态。

按培养基的用途，可将培养基分为加富培养基、选择培养基和鉴别培养基。加富培养基是指在培养基中加入某些特殊营养物质，促使某种特殊性能的微生物迅速生长，有利于从混合菌群中分离出所需微生物种类。例如为了分离能够利用石蜡的微生物，常在培养基中加入石蜡作为碳源。选择培养基是指在培养基中加入某些微生物生长抑制剂，抑制那些不需要的微生物的生长，以达到从混杂微生物菌群的环境中分离到所需的微生物的目的。例如用于分离真菌的马丁培养基。鉴别培养基是指在培养基中加入特定指示剂，它能与某一微生物的代谢产物产生显色反应，便于微生物的快速鉴定。例如用于鉴定大肠杆菌的伊红美蓝培养基。

这一部分着重介绍培养基的常规配制程序，培养细菌、放线菌、酵母菌和霉菌常用培养基的配制方法，以及几种常用选择培养基和鉴别培养基的配制方法。此外还介绍高压蒸汽灭菌法，它是微生物学实验中最常用也是最重要的灭菌方法。

实验 5-1　培养基的常规配制程序

一、实验目的和内容

目的：1. 了解培养基的配制原理。

2. 了解培养基常规配制程序。

内容： 1. 玻璃器皿的洗涤、包装、棉塞的制作。
2. 液体、固体培养基的配制。
3. 培养基的分装。
4. 斜面和平板的制作。

二、基本原理

正确掌握培养基的配制方法是从事微生物学实验工作的重要基础。由于微生物种类及代谢类型的多样性，因而用于培养微生物培养基的种类也很多。它们的配方及配制方法虽各有差异，但一般培养基的配制程序却大致相同，例如器皿的准备，培养基的配制与分装，棉塞的制作，培养基的灭菌，斜面与平板的制作以及培养基的无菌检查等基本环节大致相同。

三、实验材料与用具

待配各种培养基的组成成分，琼脂、1 mol/L NaOH 溶液、1 mol/L HCl 溶液。

天平或台秤、高压蒸汽灭菌锅。

移液管、试管、烧杯、量筒、锥形瓶、培养皿、玻璃漏斗等。

药匙、称量纸、pH 试纸、记号笔、棉花、纱布、线绳、塑料试管盖、牛皮纸、报纸等。

四、操作步骤

(一) 玻璃器皿的洗涤和包装

1. 玻璃器皿的洗涤

详见第一部分。

2. 灭菌前玻璃器皿的包装

(1) 培养皿的包装　培养皿由一盖一底组成一套。可用报纸将几套培养皿包成一包，或者将几套培养皿直接置于特制的铁皮圆筒内，加盖灭菌。包装后的培养皿须经灭菌之后才能使用。

(2) 移液管的包装　在移液管的上端塞入一小段棉花(勿用脱脂棉)，它的作用是避免外界及口中杂菌吹入管内，并防止菌液等吸入口中。塞入此小段棉花应距管口约 0.5 cm 左右，棉花自身长度约 1～1.5 cm。

塞棉花时，可用一外圈拉直的曲别针，将少许棉花塞入管口内。棉花要塞得松紧适宜，吹时以能通气而又不使棉花滑下为准。

先将报纸裁成宽约 5 cm 左右的长纸条，然后将已塞好棉花的移液管尖端放在长条报纸的一端，约成 45°角，折叠纸条包住尖端，用左手握住移液管身，右手将移液管压紧，在桌面上向前搓转，以螺旋式包扎起来。上端剩余纸条，折叠打结，准备灭菌(见图 5-1)。

(二) 固体培养基的配制

配制固体培养基时，应将已配好的液体培养基加热煮沸，再将称好的琼脂(1.5%～2%)加入并用玻璃棒不断搅拌，以免糊底烧焦。继续加热至琼脂全部融化，最后补足因蒸发而失去的水分。

(三) 培养基的分装

根据不同需要，可将已配好的培养基分装入试管或锥形瓶内，分装时注意不要使培养基沾污管口或瓶口，造成污染。如操作不小心，培养基沾污管口或瓶口时，可用镊子夹一小块脱脂棉花，擦去管口或瓶口的培养基，并将脱脂棉弃去。

1. 试管的分装

取一个玻璃漏斗，装在铁架上，漏斗下连一根橡皮管，橡皮管下端再与另一玻璃管相接，橡皮管的中部加一弹簧夹。分装时，用左手拿住空试管中部，并将漏斗下的玻璃管嘴插入试管内，以右手拇指及食指开放弹簧夹，中指及无名指夹住玻璃管嘴，使培养基直接流入试管内(图 5-2)。

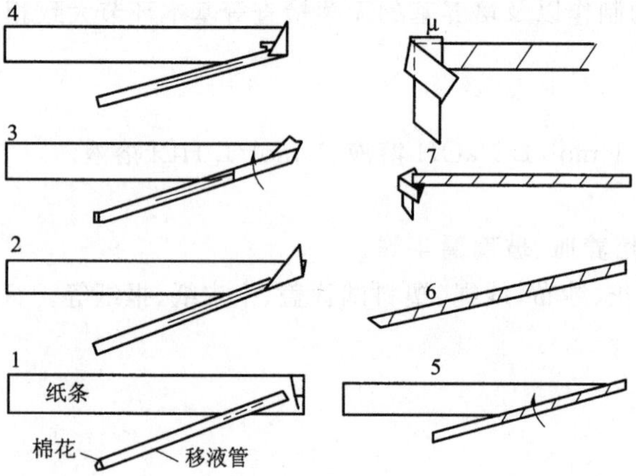

图 5-1　单支移液管的包装

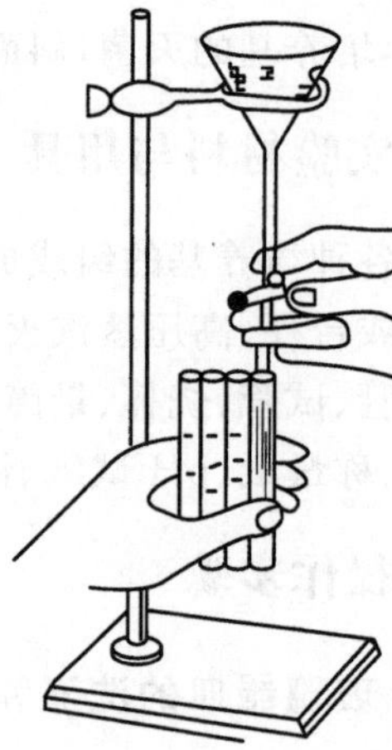

图 5-2　培养基的分装

装入试管培养基的量视试管大小及需要而定，若所用试管大小为 15 mm×150 mm 时，液体培养基可分装至试管高度 1/4 左右为宜；如分装固体或半固体培养基时，在琼脂完全融化后，应趁热分装于试管中。用于制作斜面的固体培养基的分装量为管高的 1/5(约 3～4 mL)，半固体培养基分装量为管高的 1/3 为宜。

2. 锥形瓶的分装

用于振荡培养微生物用时，可在 250 mL 锥形瓶中加入 50 mL 的液体培养基；若用于制作平板培养基用时，可在 250 mL 锥形瓶中加入 150 mL 培养基，然后再加入 3 g 琼脂粉(按 2%计算)，灭菌时瓶中琼脂粉同时被融化。

(四) 棉塞的制作及试管、锥形瓶的包扎

为了培养好气性微生物，需提供优良通气条件，同时为防止杂菌污染，则必须对通入试管或锥形瓶内空气预先进行过滤除菌。通常方法是在试管及锥形瓶口加上棉花塞等。

制棉塞时，应选用大小、厚薄适中的普通棉花一块，铺展于左手拇指和食指扣成的圆孔上，用右手食指将棉花从中央压入圆孔中制成棉塞，然后直接压入试管或锥形瓶口。也可借用玻璃棒塞入，也可用折叠卷塞法制作棉塞(图 5-3)。

制作的棉塞应紧贴管壁，不留缝隙，以防外界微生物沿缝隙侵入，棉塞不宜过紧或过松，塞好后以手提棉塞，试管不下落为准。棉塞的 2/3 在试管内，1/3 在试管外(图 5-4)。

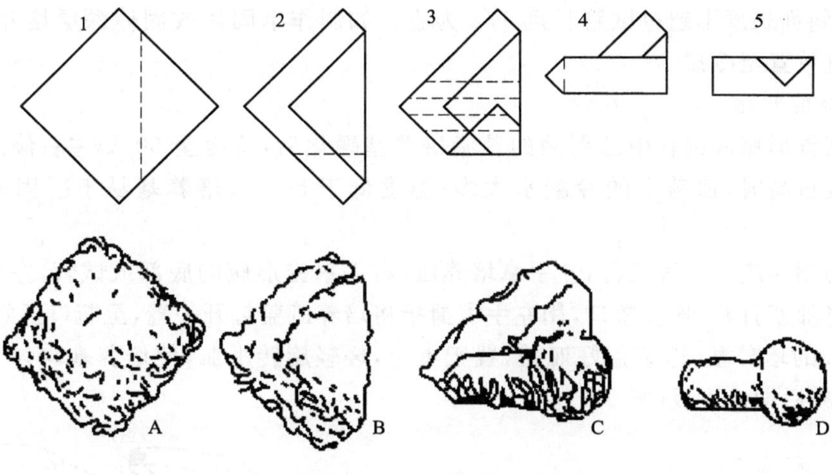

图 5-3 棉塞制作过程

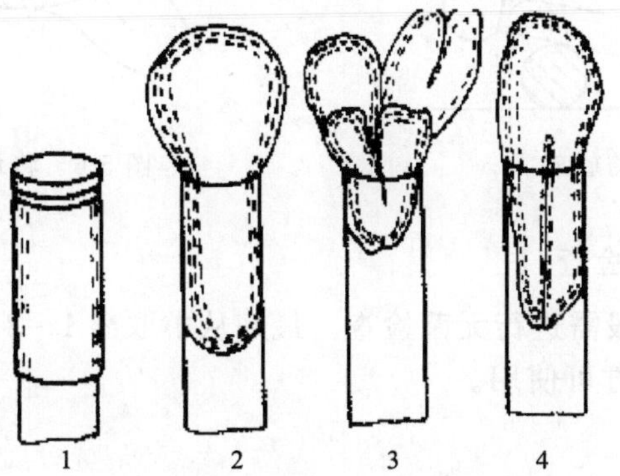

图 5-4 试管帽和试管塞

1. 试管帽；2. 正确的棉塞；3. 不正确的棉塞；4. 不正确的棉塞

目前也有采用金属或塑料试管帽代替棉塞，直接盖在试管口上，灭菌待用。

将装好培养基并塞好棉塞或盖好管帽的试管捆成一捆，外面包上一层牛皮纸。用铅笔注明培养基名称及配制日期。灭菌待用。

通常在棉塞外包上一层纱布，再塞在锥形瓶口上。有时为了进行液体振荡培养加大通气量，则可用 8 层纱布代替棉塞包在瓶口上。目前也有采用无菌培养容器封口膜直接盖在瓶口上，既保证良好通气，过滤除菌又操作简便，故极受欢迎。

在装好培养基并塞好棉塞或包上 8 层纱布或盖好培养容器封口膜的锥形瓶口上，再包上一层牛皮纸并用线绳捆好，灭菌待用。

(五) 培养基的灭菌

培养基经分装包扎之后，应立即进行高压蒸汽灭菌，100 kPa 灭菌 20 min。如因特殊情况不能及时灭菌，则应暂存于冰箱中。

(六) 斜面和平板的制作

1. 斜面的制作

将已灭菌装有琼脂培养基的试管，趁热置于木棒上，使成适当斜度，凝固后即成斜面

(图 5-5)。斜面长度不超过试管长度 1/2 为宜。如制作半固体或固体深层培养基时，灭菌后则应垂直放置至冷藏。

2. 平板的制作

将装在锥形瓶或试管中已灭菌的琼脂培养基融化后，待冷至 50 ℃左右倾入无菌培养皿中。温度过高时，皿盖上的冷凝水太多；温度低于 50 ℃，培养基易于凝固而无法制作平板。

平板的制作应在火旁进行，左手拿培养皿，右手拿锥形瓶的底部或试管，左手同时用小指和手掌将棉塞打开，灼烧瓶口，用左手大拇指将培养皿盖打开一缝，至瓶口正好伸入，倾入 10～12 mL 的培养基，迅速盖好皿盖，置于桌上，轻轻旋转平皿，使培养基均匀分布于整个平皿中，冷凝后即成平板(图 5-6)。

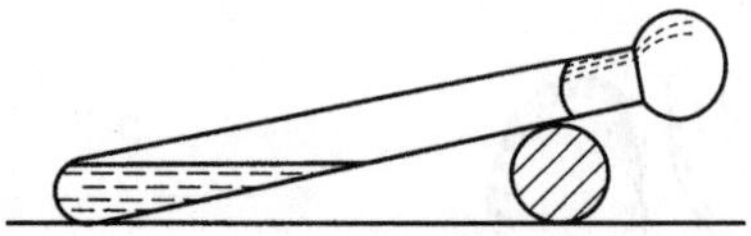

图 5-5　斜面的放置

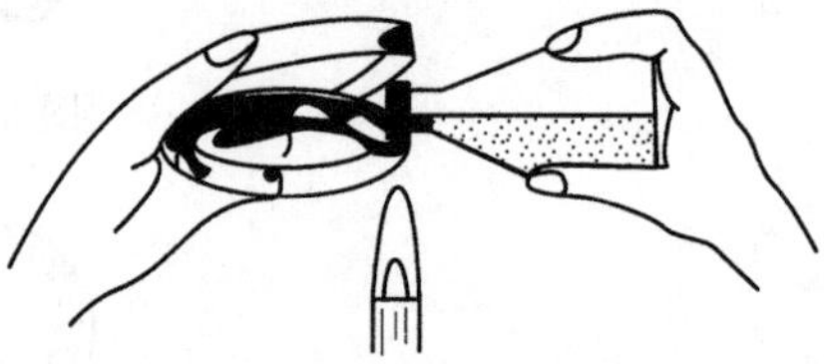

图 5-6　将培养基倒入培养皿内

(七) 培养基的无菌检查

灭菌后的培养基，一般需进行无菌检查。最好从中取出 1～2 管(瓶)，置于 37 ℃温箱中培养 1～2 d，确定无菌后方可使用。

(八) 无菌水的制备

在每个 250 mL 的锥形瓶内装 100 mL 蒸馏水并塞上棉塞。在每支试管内装 4.5 mL 蒸馏水。塞上棉塞或盖上塑料盖。再在棉塞上包上一张牛皮纸。高压蒸汽灭菌，100 kPa 灭菌 20 min。

五、注意事项

1. 培养基中加入琼脂进行融化时，应不断用玻璃棒搅拌，以免糊底烧焦。
2. 制作斜面的试管内，培养基的量不宜过多，制成的斜面长度不超过试管长度的 1/2 为宜。
3. 倒平板时应注意无菌操作。

六、演示

移液管的包装、棉塞的制作、斜面和平板的制作。

七、实验报告

1. 简述移液管包装注意事项。
2. 简述配制液体培养基的简单步骤。
3. 简述斜面及平板培养基的制作过程。

八、问题与思考

1. 为什么微生物实验室所用的移液管口或滴管口上端均需塞上一小段棉花，再用报纸包起来，经高压蒸汽灭菌后才能使用？

2. 为什么微生物实验室所用的锥形瓶口或试管口都要塞上棉塞，经高压蒸汽灭菌后才能使用？制作合格棉塞的标准是什么？

3. 配制培养基时为什么要调节 pH？

4. 配制固体培养基时，需在液体培养基中添加多少量的琼脂？

5. 将含琼脂的培养基分装至试管中应如何操作？注意事项是什么？

6. 制作斜面培养基时，其斜面长度应相当于试管长度几分之几为宜？

7. 制作平板培养基的注意事项是什么？

8. 培养基配好后，为什么必须马上进行高压蒸汽灭菌？如不能及时灭菌时，应将培养基暂时放置何处？

9. 如何检查灭菌后的培养基是否无菌？

实验 5-2 几种常用培养基的制备

一、实验目的和内容

目的： 学习和掌握配制培养基的一般方法和步骤。

内容： 1. 肉膏蛋白胨培养基的配制。

2. 高氏合成一号培养基的配制。

3. LB 氏培养基的配制。

二、基本原理

肉膏蛋白胨培养基是一种广泛用于培养细菌的培养基。而 LB 培养基则是一种近年来用于培养基因工程受体菌（大肠杆菌）的常用培养基。两者都属于半合成培养基。肉膏蛋白胨培养基的主要成分是牛肉膏、蛋白胨和 NaCl。而 LB 培养基的主要成分是胰蛋白胨、酵母提取物和 NaCl。它们分别提供微生物生长繁殖所需要的碳源、氮源、能源、生长因子和无机盐等。培养基都是水溶液，这是因为一切生物细胞都必须要水，蒸馏水不含杂质，比自来水好，特别是制备合成培养基都必须用蒸馏水，配天然培养基时可用自来水，但自来水中常含 Ca^{2+}、Mg^{2+} 离子，易与其他成分形成沉淀。

高氏合成一号培养基是一种用于培养放线菌的合成培养基。培养基中的可溶性淀粉作为碳源和能源，KNO_3 作为氮源，K_2HPO_4、$MgSO_4$ 和 $FeSO_4$ 作为无机盐等。

三、实验材料和用具

牛肉膏、蛋白胨、胰蛋白胨（bacro-reyptone）、琼脂、可溶性淀粉、酵母提取物（bacto-yeast extract）。1 mol/L NaOH、1 mol/L HCl、0.1% $FeSO_4 \cdot 7H_2O$、KNO_3、NaCl、$K_2HPO_4 \cdot 3H_2O$、$MgSO_4 \cdot 7H_2O$ 等。

高压蒸汽灭菌锅、天平、试管、三角瓶、烧杯、量筒、移液管玻璃棒、牛角匙、称量纸、pH 试纸、棉花、牛皮纸、记号笔、线绳、纱布等。

四、操作步骤

(一) 肉膏蛋白胨培养基的配制

1. 培养基成分(成分见附录一)

2. 配制方法

(1) 称量及溶化　分别称取蛋白胨和 NaCl 的所需量,置于烧杯中,加入所需水量的 2/3 左右的蒸馏水;用玻棒挑取牛肉膏置于另一小烧杯中,进行称量。然后加入少量蒸馏水于小烧杯中,加热融化,倒入上述烧杯中。将烧杯置于石棉网上加热,用玻棒搅拌,使药品全部溶化。

(2) 调 pH　待溶液冷却至室温时,用 1 mol/L NaOH 溶液调 pH 至 7.2。

(3) 定容　将溶液倒入量筒中,补充水量到所需体积。

(4) 加琼脂　加入所需量的琼脂,加热融化,补充失水。

(5) 分装、加塞、包扎。

(6) 高压蒸汽灭菌　100 kPa,20 min。

(二) LB 培养基(LU 培养基)的配制

1. 培养基成分(见附录一)

2. 配制方法

(1) 称量　分别称取所需量的胰蛋白胨、酵母提取物和 NaCl,置于烧杯中。

(2) 溶化　加入所需水量 2/3 的蒸馏水于烧杯中,用玻棒搅拌,使药品全部溶化。

(3) 调 pH　用 1 mol/L NaOH 溶液调 pH 至 7.0。

(4) 定容　将溶液倒入量筒中,补充水量到所需体积。

(5) 加琼脂　加入所需量的琼脂,加热融化,补足失水。

(6) 分装、加塞、包扎。

(7) 高压蒸汽灭菌　100 kPa,20 min。

(三) 高氏合成一号培养基的配制

1. 培养基成分(见附录一)

2. 配制方法

(1) 称量及溶化　量取所需水量的 2/3 左右加入到烧杯中,置于石棉网上加热至沸。称量可溶性淀粉,置于另一小烧杯中,加入少量冷水,将淀粉调成糊状然后倒入上述装沸水的烧杯中,继续加热,使淀粉完全融化。分别称量 KNO_3、NaCl、K_2HPO_4 和 $MgSO_4$,依次逐一加入水中溶解。按每 100 mL 培养基加入 1 mL 0.1% $FeSO_4$ 溶液。

(2) 调 pH　用 1 mol/L NaOH 溶液调 pH 至 7.4。

(3) 定容　将溶液倒入量筒中,加水至所需体积。

(4) 加琼脂　加入所需重琼脂,加热融化,补充失水。

(5) 分装、加塞、包扎。

(6) 高压蒸汽灭菌　100 kPa,20 min。

五、注意事项

称药品用的牛角匙不要混用;称完药品应及时盖紧瓶盖。调 pH 时要小心操作,避免回调。不同培养基各有配制特点，要注意具体操作。

六、演示

1. 培养基的分装方法。
2. 试管斜面的搁置方法。

七、实验报告

1. 记录你所配制培养基的名称及成分。
2. 分析你所配制培养基的碳源、氮源、能源、无机盐及维生素的来源。

八、问题和思考

1. 配制培养基有哪几个步骤？在操作过程中应注意什么问题？为什么？
2. 培养基配制完成后，如已灭菌应如何处理？
3. 试设计实验饮料进行无菌检查。

实验 5-3 高压蒸汽灭菌

一、实验目的和内容

目的：了解高压蒸汽灭菌原理，并掌握各种灭菌方法的操作步骤。
内容：高压蒸汽灭菌法。

二、基本原理

高压蒸汽灭菌是微生物学实验、发酵工业生产以及外科手术器械等方面最常用的一种灭菌方法。一般培养基、玻璃器皿、无菌水、无菌缓冲液、金属用具、接种室的实验服及传染性标本等都可采用此法灭菌。

高压蒸汽灭菌是把待灭菌物品放在一个密闭的高压蒸汽灭菌锅中，当锅内压力为 100 kPa 时，温度可达到 121 ℃，一般维持 20 min，即可杀死一切微生物的营养体及其孢子。

高压蒸汽灭菌是依据水的沸点随水蒸气压的增加而上升，加压是为了提高水蒸气的温度。蒸汽压力与蒸汽温度关系及常用灭菌时间见表 5-1。

表 5-1 高压蒸汽灭菌时常用的灭菌压力、温度与时间

蒸汽压力			蒸汽温度/℃	灭菌时间/min
kPa	kg/cm^2	lb/in^2		
56	0.56	8.00	112.6	30
70	0.70	10.00	115.2	20
100	1.00	15.00	121.0	20

注：1 kg/cm^2（1 千克/厘米^2）≈10^5 Pa，1 lb/in^2（1 磅/英寸^2）≈6 894.76 Pa，将几种单位列于同一表内以便于换算。

高压蒸汽灭菌器是一个能耐压、同时可以密闭的金属锅，有立式、卧式、手提式三种(图 5-7)。热源可以用蒸汽、煤气或电源。灭菌器上装有表示锅内温度和压力的温度计、压力表。灭菌锅还有排气口、安全活塞，如果压力超过一定限度，活塞的阀门便自动打开，放出过多的蒸汽。

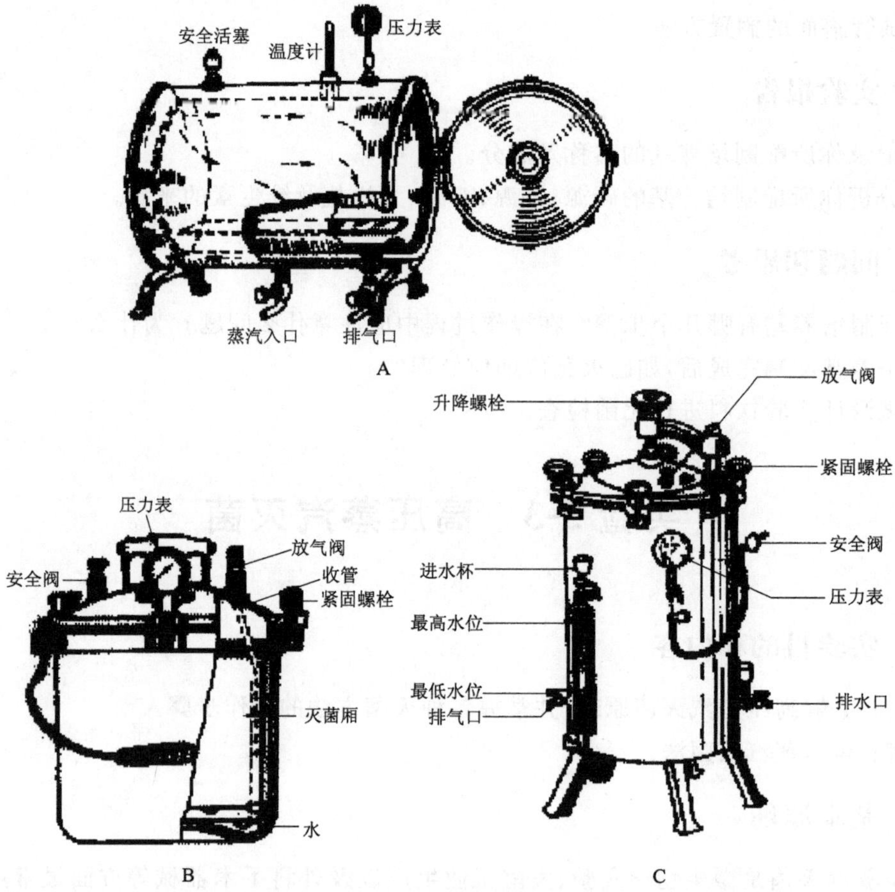

图 5-7 高压蒸汽灭菌锅结构

A. 卧式高压蒸汽灭菌锅；B. 手提式高压蒸汽灭菌锅；C. 立式高压蒸汽灭菌锅

高压蒸汽灭菌技术关键是在压力上升之前将锅内的空气排尽。若锅内未排除的冷空气滞留在锅中，压力表虽指 100 kPa，但锅内温度实际只有 100 ℃(空气排除程度与温度关系见表 5-2)，结果造成灭菌不彻底。

表 5-2 空气排除程度与温度关系

压力表读数/kPa	灭菌锅内温度/℃				
	未排除空气	排除 1/3 空气	排除 1/2 空气	排除 2/3 空气	完全排除空气
35	72	90	94	100	109
70	90	100	105	109	115
105	100	109	112	115	121
140	109	115	118	121	126
175	115	121	124	126	130
210	121	126	128	130	135

待灭菌物品中的微生物种类、数量与灭菌效果直接相关。一般在小试管、锥形瓶中小容量的培养基,用 100 kPa 灭菌 20 min,大容量的固体培养基传热慢,灭菌时间适当延长(灭菌时间是指达到所要求的温度开始计算)。天然培养基含菌和芽孢较多,较合成培养基灭菌时间略长。

灭菌时的过高温度常对培养基造成不良影响。如:

(1) 出现混浊、沉淀(天然培养基成分加热沉淀出大分子多肽聚合物;培养基中 Ca、Mg、Fe、Zn、Cu、Sb 等阳性离子与培养基中的可溶性磷酸盐共热沉淀)。

(2) 营养成分破坏或改变(酸度较高时淀粉、蔗糖、乳糖或琼脂灭菌过程易水解;pH7.5、100 kPa 灭菌 20 min,葡萄糖破坏 20%,麦芽糖破坏 50%;若培养基中有磷酸盐共存,葡萄糖转变成酮糖类物质,培养液由淡黄变为红褐色,破坏更为严重)。

(3) pH=7.2 时培养基中的葡萄糖、蛋白胨、磷酸盐在 100 kPa 灭菌 15 min 以上可产生对微生物生长的抑制物。

(4) 高压蒸汽灭菌后培养基 pH 下降 0.2~0.3。

(5) 高压蒸汽灭菌过程会增加冷凝水,降低培养基成分浓度。对于前三种不良影响,可采用低压灭菌(如在 56 kPa、30 min 灭菌葡萄糖溶液),或将培养基几种成分分别灭菌,临用前无菌混合(如磷酸盐与 Ca、Mg、Zn、Cu 等阳性离子溶液)的方法,特殊情况进可采用间歇灭菌、过滤除菌(如维生素溶液)。工业发酵生产中常采用连续加压灭菌法(135~140 ℃、5~15 s)和连续蒸煮法。

三、实验材料和用具

手提式高压蒸汽灭菌锅。

待灭菌的培养基、无菌水、已包好的培养皿、移液管、玻璃涂棒等及待灭菌空试管、锥形瓶等玻璃器皿。

四、操作步骤

(一) 灭菌操作

1. 向锅内加水

打开灭菌锅盖,向锅内加适量水(立式高压灭菌锅从进水杯处加煮开过的水到量高水位的标示高度)。水量不足,灭菌锅易蒸干。

2. 放入待灭菌物品

将待灭菌物品放入灭菌桶内,物品不要放得太紧和紧靠锅壁,以免影响蒸汽流通和冷凝水顺壁流入灭菌物品。

3. 盖好锅盖

将盖上的软管插入灭菌桶的槽内,有利于罐内冷空气自下而上排出,加盖,上下螺栓口对齐,采用对角方式均匀旋紧螺栓,使锅密闭。

4. 排放锅内冷空气及升温灭菌

打开放汽阀,加热(电加热或直接通入蒸汽),自锅内开始产生蒸汽后 3 min 再关紧放汽阀(或喷出气体不形成水雾),此时蒸汽已将锅内冷空气由排气孔排尽,温度随蒸汽压力增高而上升,待压力逐渐上升至所需温度时,控制热源,维持所需压力和温度,并开始计时,一般培养基控制在 100 kPa 灭菌 20 min；含糖等成分培养基控制在 56 kPa 灭菌 30 min 或 70 kPa 灭菌 20 min，关闭热源，压力随之逐渐降低。

5. 灭菌完毕降温及后处理

待压力降至 0 时，慢慢打开放汽阀（排气口），开盖，立即取出灭菌物品。但在压力未完全降至 0 处前，不能打开锅盖，以免培养基沸腾将棉塞冲出；也不可用冷水冲淋灭菌锅迫使温度迅速下降。所灭物品开盖后立即取出，以免凝结在锅盖和器壁上的水滴弄湿包装纸或落到被灭菌物品上，增加染菌率。斜面培养基自锅内取出后要趁热摆成斜面，灭菌后的空培养皿、试管、移液管等需烘干或晾干。

若连续使用灭菌锅，每次需补足水分；灭菌完毕，除去锅内剩余水分，保持灭菌锅干燥。

（二）无菌试验

可抽取少数灭过菌的培养基置 37 ℃恒温箱中培养 24 h，若无菌生长，即视为灭菌彻底，可保存备用。

五、注意事项

灭菌时人不能离开工作现场，控制热源维持灭菌时的压力。压力过高，不仅培养基的营养成分被破坏，而且高压锅超过耐压范围易发生爆炸造成伤人事故。

六、演示

高压蒸汽灭菌锅的结构及使用方法。

七、实验报告

说明高压蒸汽灭菌原理、适用范围。用简练方法表示操作过程及操作关键。

八、问题和思考

1. 高压蒸汽灭菌的关键为什么是高温而不是高压？高压蒸汽灭菌前为什么要将灭菌锅内的冷空气排尽？灭菌时为什么人不能离开工作现场？灭菌完毕后什么情况下才可以打开锅盖取灭菌物品？

2. 染菌或接种有微生物的培养基或培养器皿为什么不能直接洗涤而需先经过高压蒸汽灭菌？培养皿或锥形瓶内含菌固体培养基灭菌后如何处理？

3. 对含糖（如含葡萄糖或乳糖等）培养基进行高压蒸汽灭菌时，应采用多大压力、多长时间灭菌为宜？

4. 对血清、噬菌体浓缩液、氨基酸溶液、维生素溶液、抗生素溶液能否进行高压蒸汽灭菌？应采用何种方法除菌为宜？

6 微生物的分离与纯化技术

纯种分离技术是微生物学中重要的基本技术之一。从混杂微生物群体中获得单一菌株纯培养的方法称为分离。纯种(纯培养)是指一株菌种或一个培养物中所有的细胞或孢子都是由一个细胞分裂、繁殖而产生的后代。

为了生产和科研的需要,人们往往需从自然界混杂的微生物群体中分离出具有特殊功能的纯种;或重新分离被其他微生物污染或因自发突变而丧失原有优良性状的菌株;或通过诱变及遗传改造后选出优良性状的突变株及重组菌株。尽管所分离、纯化的菌种不同,但分离、筛选及纯化新菌种的步骤都基本相似。大致分为采样、富集培养、纯种分离和性能测定四个步骤。采样:主要依据所筛选的微生物生态及分布概况,综合分析决定采样地点。富集培养:根据所筛选菌种的生理特性,加入某些特定物质,使所需的微生物增殖,造成数量上的优势,限制不需要的微生物生长繁殖。对无特殊性能要求的菌,可省略此步。纯种分离可用10倍稀释平板分离法、涂布法、划线分离法、单细胞分离法等。性能测定可分初筛和复筛两步。本章主要介绍细菌、放线菌、酵母菌、霉菌常见四大类微生物分离、纯化方法及某些具有特殊性能细菌(化能自养型细菌)和工业常用菌株的微生物分离、纯化方法。

即使采用最现代的分离技术,人类生产和生活中现已开发利用的微生物尚未超过其存在量的1%。寻找和发现有重要应用潜力、具有新功能的微生物菌种资源,尚有待于不断提出新思路、新的筛选与分离方法的突破。

实验 6-1 土壤中细菌、放线菌、酵母菌及霉菌的分离与纯化

一、实验目的和内容

目的: 学习从土壤中分离微生物的方法,掌握无菌操作技术。

内容: 1. 土壤中细菌、放线菌、酵母菌及霉菌稀释分离、划线分离技术。

2. 学习从样品中分离、纯化出所需菌株。

3. 学习斜面接种及穿刺接种等无菌操作技术。

二、基本原理

土壤是微生物生活的大本营,是寻找和发现有重要应用潜力的微生物的主要菌源。不同土样中各类微生物数量不同,一般土壤中细菌数量最多;其次为放线菌和霉菌。一般在较干燥、偏碱性、有机质丰富的土壤中放线菌数量较多;酵母菌在一般土壤中的数量较少,而在水果表皮、葡萄园、果园土中数量多些。本次实验从土壤中分离细菌、放线菌和霉菌;自面肥或酒曲或果园土分离酵母菌。

为了分离和确保获得某种微生物的单菌落，首先要考虑制备不同稀释度的菌悬液。各类菌的稀释度因菌源、采集样品时的季节、气温等条件而异。其次，应考虑各类微生物的不同特性，避免菌源中各类微生物的相互干扰。细菌或放线菌皆喜中性或微碱性环境，但细菌比放线菌生长快，分离放线菌时，一般在制备土壤稀释液时添加10%的酚或在分离培养基中加相应的抗生素以抑制细菌和霉菌(如加链霉素 25～50 u/mL 以抑制细菌；添加制霉素 50 u/mL 或多菌灵 30 u/mL 以抑制霉菌)。酵母菌和霉菌都喜酸性环境，一般酵母菌只能以糖为碳源，不能直接利用淀粉，酵母菌在 pH5 时生长极快，而细菌生长适宜的酸碱度为 pH7，所以分离酵母菌时只要选择好适宜的培养基和 pH 值，可降低细菌增殖率，霉菌生长慢，也不干扰酵母菌分离。若分离霉菌，需降低细菌增殖率，一般培养基临用前添加灭过菌的乳酸或链霉素。为了防止菌丝蔓延干扰菌落计数，分离霉菌时常在培养基中加入化学抑制剂。

要想获得某种微生物的纯培养，还需提供有利于该微生物生长繁殖的最适培养基及培养条件。微生物四大类菌的分离培养基、培养温度、培养时间见表 6-1 所示。

表 6-1 微生物四大类菌的分离和培养

样品来源	分离对象	分离方法	稀释度	培养基名称	培养温度/℃	培养时间/d
土样	细菌	稀释分离	10^{-5}～10^{-7}	牛肉膏蛋白胨	30～37	1～2
土样	放线菌	稀释分离	10^{-3}～10^{-5}	高氏一号	28	5～7
土样	霉菌	稀释分离	10^{-2}～10^{-4}	马丁氏琼脂	28～30	3～5
面肥(或土样)	酵母菌	稀释分离	10^{-4}～10^{-4}	马铃薯葡萄糖	28～30	2～3
细菌分离平板	细菌单菌落	划线分离	10^{-2}	牛肉膏蛋白胨	30～37	1～2

三、实验材料和用具

(一) 菌源

1. 土样

选定采土地点后，铲去表土层 2～3 cm，取 3～10 cm 深层土壤 10 g，装入已灭过菌的牛皮纸袋内，封好袋口，并记录取样地点、环境及日期。土样采集后应及时分离，凡不能立即分离的样品，应保存在低温、干燥条件下，尽量减少其中菌相的变化。

2. 面肥

从中分离酵母菌。该材料也可用酒曲等替代。

(二) 培养基

肉膏蛋白胨培养基、马丁培养基、高氏合成 1 号培养基、豆芽汁葡萄糖培养基(制平板和斜面)。见附录一。

(三) 无菌水或无菌生理盐水

配制生理盐水，分装于 250 mL 锥形瓶，每瓶装 100 mL(或 105 mL 为分离霉菌用)，每瓶内装 10 粒玻璃珠。分装试管、每管装 4.5 mL(每人 5～7 支)。

四、操作步骤

(一) 稀释分离法

平板分离菌有倾注法和涂布法两种。本次实验分离细菌、放线菌、霉菌时采用倾注法，酵母菌分离采用涂布法。

1. 细菌的分离

(1) 制备土壤稀释液　称取土样 1 g,在火焰旁加入到一个盛有 99 mL 并装 10 粒玻璃珠的无菌水或生理盐水锥形瓶中,振荡 10～20 min,使土样中菌体、芽孢或孢子均匀分散,制成 10^{-2}稀释度的土壤稀释液。然后按 10 倍稀释法进行稀释分离,以制备 10^{-7}稀释度为例,具体操作过程如下:取 4.5 mL 无菌水试管 6 支,按 10^{-2},…,10^{-7}顺序编号,放置试管架上。取无菌移液管一支,从移液管包装纸套中间撕口,将包装纸套分成上、下两段,去除上段包装纸套,在移液管上端管口装橡皮头,取出下段移液管纸套放置桌面,以右手拇指、食指、中指拿住移液管上端的橡皮头,将吸液端口及移液管外部表面迅速通过火焰 2～3 次,杀灭撕纸套时可能污染的杂菌,切忌用手指去触摸移液管吸液端口及外部。左手持锥形瓶底,以右手掌及小指、无名指夹住锥形瓶上棉塞,在火焰旁拔出棉塞(棉塞夹在手上,不能乱放在桌上),将 1 mL 移液管的吸液端伸进振荡混匀的锥形瓶中土壤悬液底部,用手指轻按橡皮头,在锥形瓶内反复吹吸三次(吹吸时注意第二次液面要高于第一次吹吸的液面),然后准确吸取 0.5 mL 的 10^{-2} 土壤稀释液,右手将棉塞插回锥形瓶上,左手放下锥形瓶,换持一支盛有 4.5 mL 无菌水试管,依前法在火焰旁拔除试管帽(或棉塞),将 0.5 mL 的 10^{-2} 土壤稀释液注入 4.5 mL 无菌水试管内,制成 10^{-3} 的土壤稀释液,将此移液管在试管内反复吹吸三次,然后取出移液管,并将其通过火焰再插入原来包装移液管的下段纸套内,以备再用。盖上试管帽,右手持 10^{-3}稀释液试管在左手上敲打 20～30 次,混匀土壤稀释液。再从纸套中取出原来的移液管,插入稀释液已混匀的试管内,再吹吸三次,然后准确吸出 0.5 mL 的 10^{-3}稀释液,置第二支装有 4.5 mL 无菌水试管中,制成 10^{-4}的土壤稀释液。用同法再制成 10^{-5}、10^{-6}、10^{-7}的土壤稀释液(为避免稀释过程误差,进行微生物计数时,最好每一个稀释度更换一支移液管)。最后用毕的移液管重新放入纸套内,待灭菌后,再洗刷或将用过的移液管放在废弃物筒中,用 3%～5%来苏尔浸泡 1 h 后再灭菌洗涤。

(2) 倾注法分离　取无菌培养皿 6～9 个,分别于培养皿底面按稀释度编号。稀释完毕后,可用原来的移液管从菌液浓度最小的 10^{-7} 土壤稀释液开始吸取 1 mL 稀释液,按无菌操作技术加到相应编号 10^{-7}的无菌培养皿内。再以相同方法分别吸取 1 mL 的 10^{-6}、10^{-5}土壤稀释液,各加到相应编号为 10^{-5}、10^{-6}的无菌培养皿内。将已灭菌的肉膏蛋白胨固体培养基融化,待冷却至 45～50 ℃左右时,分别倾入到已盛有 10^{-5}、10^{-6}、10^{-7}的土壤稀释液的无菌培养皿内。注意:温度过高易将菌烫死,皿盖上冷凝水太多,也会影响分离效果;低于 45 ℃培养基易凝固,平板易出现凝块、高低不平。倾倒培养基时注意无菌操作,要在火焰旁进行。左手拿培养皿,右手拿锥形瓶底部,左手同时用小指和手掌将棉塞拔开,灼烧瓶口,用左手大拇指将培养皿盖打开一缝,至瓶口正好伸入,倾入培养基约 12～15 mL,将培养皿在桌上轻轻前后左右转动,使稀释的菌悬液与融化的琼脂培养基混合均匀,混匀后静置桌上。整个操作过程见图 6-1 和图 6-2。

(3) 培养　待平板完全冷凝后,将平板倒置于 30 ℃恒温箱中,培养 24～48 h 观察结果。

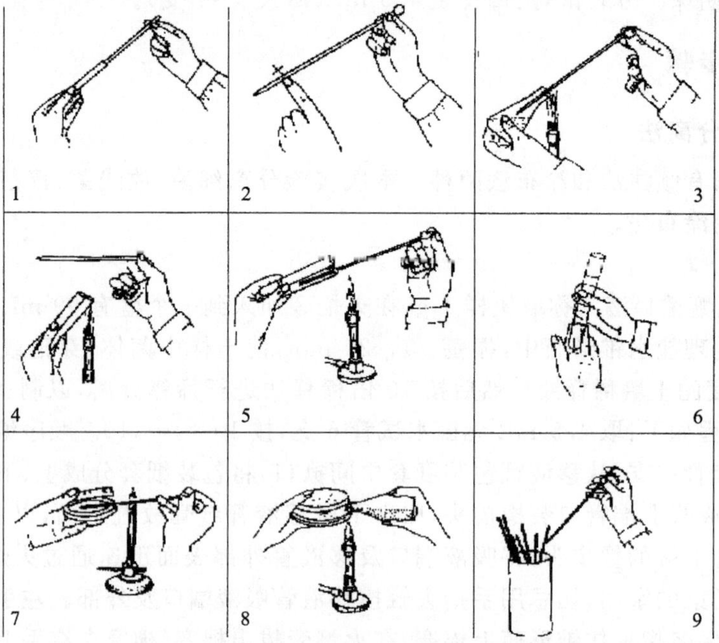

图 6-1 稀释分离无菌操作示意图

1. 从包装纸套中取出无菌移液管；2. 安装橡皮头，勿用手指触摸移液管；3. 火焰旁取出土壤悬浮液；4. 灼烧试管口及移液管吸液口；5. 在火焰旁对试管中土壤悬浮液进行稀释；6. 用手掌敲打试管，混匀土壤稀释液；7. 从最小稀释度开始，将稀释液加入无菌培养皿中；8. 将融化冷凉至 45～50 ℃培养基倒入培养皿内；9. 用毕的移液管装入废弃物缸中浸泡消毒后灭菌洗涤

2. 放线菌的分离

（1）制备土壤稀释液　称取土样 1 g，加入到一个盛有 99 mL 并装有玻璃珠的无菌水或生理盐水锥形瓶中，并加入 10 滴 10%的酚溶液（抑制细菌生长），有时也可不加酚。振荡后静置 5 min，即成 10^{-2} 土壤稀释液。

（2）倾注法分离　按前法将土壤稀释液分别稀释为 10^{-3}、10^{-4}、10^{-5} 三个稀释度，然后用无菌移液管依次分别取 1 mL 的 10^{-5}、10^{-4}、10^{-3} 土壤稀释液于相应编号的无菌培养皿内，用高氏合成 1 号培养基依前法倾倒平板，每个稀释度做 2～3 个平行皿。

（3）培养　冷凝后，将平板倒置于 28 ℃恒温箱中，培养 5～7 d 观察结果。

3. 霉菌的分离

（1）制备土壤稀释液　称取土样 5 g，加入到一个盛有 95 mL 无菌水或无菌生理盐水并装有玻璃珠的锥形瓶中，振荡 10 min，即成 10^{-2} 土壤稀释液。

（2）倾注法分离　按前法将土壤稀释液再稀释成 10^{-3}、10^{-4} 的土壤稀释液。然后用无菌移液管分别吸取 1 mL 的 10^{-4}、10^{-3}、10^{-2} 土壤稀释液于相应编号的无菌培养皿内，采用马丁培养基倾倒平板，为了抑制细菌生长和降低菌丝蔓延速度，马丁培养基临用前需无菌加入孟加拉红、链霉素和去氧胆酸钠。每个稀释度做 2～3 个平行皿。

（3）培养　冷凝后，将平板倒置于 28 ℃恒温箱中，培养 3～5 d 后观察结果。

4. 酵母菌的分离

（1）制备菌悬液　称取面肥 1 g，加入到一个盛有 99 mL 无菌水或无菌生理盐水并装

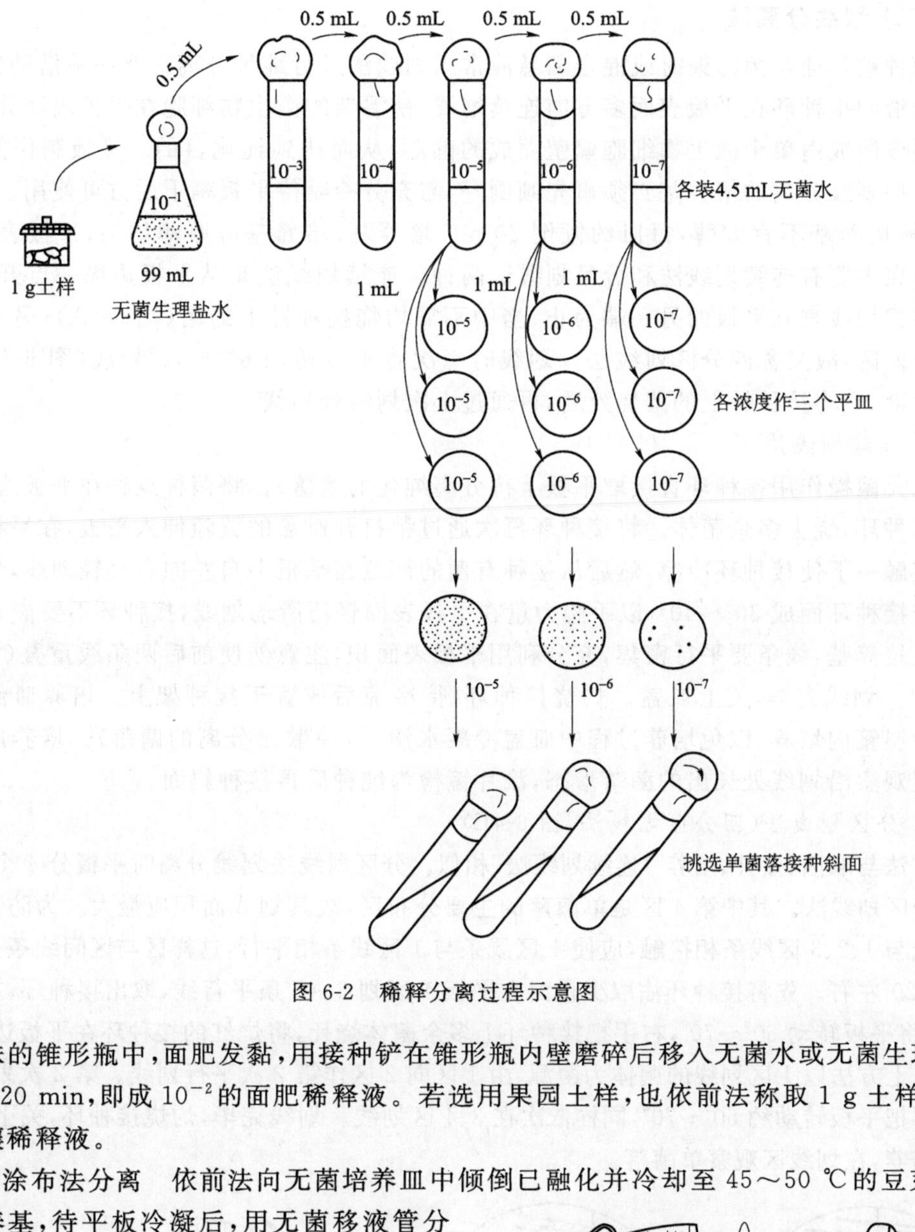

图 6-2　稀释分离过程示意图

有玻璃珠的锥形瓶中，面肥发黏，用接种铲在锥形瓶内壁磨碎后移入无菌水或无菌生理盐水内，振荡 20 min，即成 10^{-2} 的面肥稀释液。若选用果园土样，也依前法称取 1 g 土样，制成 10^{-2} 土壤稀释液。

(2) 涂布法分离　依前法向无菌培养皿中倾倒已融化并冷却至 45～50 ℃的豆芽汁葡萄糖培养基，待平板冷凝后，用无菌移液管分别吸取上述 10^{-6}、10^{-5}、10^{-4} 三个稀释度菌悬液 0.1 mL，依次滴加于相应编号已制备好的豆芽汁葡萄糖培养基平板上，右手持无菌玻璃涂棒，左手拿培养皿，并用拇指将皿盖打开一缝，在火焰旁右手持玻璃涂棒于培养皿平板表面将菌液自平板中央均匀向四周涂布扩散，切忌用力过猛将菌液直接推向平板边缘或将培养基划破(图 6-3)。

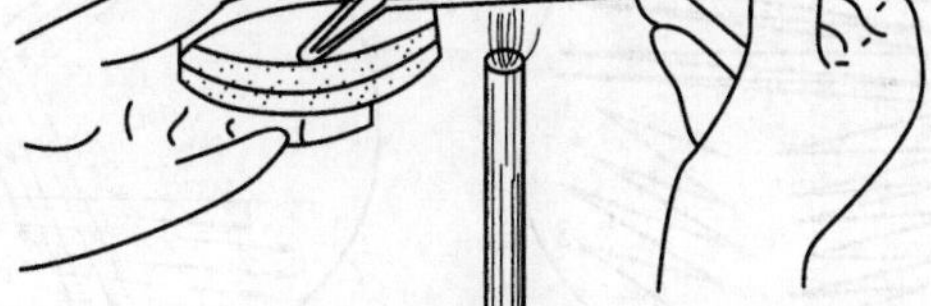

图 6-3　涂布操作过程示意图

(3) 培养　接种后，将平板倒置于 30 ℃恒温箱中，培养 2～3 d 后观察结果。

（二）划线分离法

菌种被其他杂菌污染时或混合菌悬液常用划线法进行纯种分离。此法是借助将蘸有混合菌悬液的接种环在平板表面多方向连续划线，使混杂的微生物细胞在平板表面分散，经培养得到分散成由单个微生物细胞繁殖而成的菌落，从而达到纯化目的。平板制作方法如前所述。但划线分离的培养基必须事先倾倒好，需充分冷凝待平板稍干后方可使用；为便于划线，一般培养基不宜太薄，每皿约倾倒 20 mL 培养基，培养基应厚薄均匀，平板表面光滑。划线分离主要有连续划线法和分区划线法两种。连续划线法是从平板边缘一点开始，连续作波浪式划线直到平板的另一端为止，当中不需灼烧接种针上的菌（图 6-4A）；另一种是将平板分四区，故又称四分区划线法。划线时每次将平板转动 60°～70°划线（图 6-4B），每换一次角度，应将接种针上的菌烧死后，再通过上次划线处划线。

1. 连续划线法

以无菌操作用接种环直接取平板上待分离纯化的菌落）。将菌种点种在平板边缘一处，取出接种环，烧去多余菌体。将接种环再次通过稍打开皿盖的缝隙伸入平板，在平板边缘空白处接触一下使接种环冷凉，然后从接种有菌的部位在平板上自左向右轻轻划线，划线时平板面与接种环面成 30°～40°，以手腕力量在平板表面轻巧滑动划线，接种环不要嵌入培养基内划破培养基，线条要平行密集，充分利用平板表面积，注意勿使前后两条线重叠（图 6-4A，图 6-5）。划线完毕，关上皿盖。灼烧接种环，待冷凉后放置于接种架上。培养皿倒置于适温的恒温箱内培养（以免培养过程中皿盖冷凝水滴下，冲散已分离的菌落）。培养后在划线平板上观察沿划线处长出的菌落形态，涂片镜检为纯种后再接种斜面。

2. 分区划线法（四分区划线法，图 6-4B）

方法与取菌、接种、培养“连续划线法”相似。分区划线法划线分离时平板分 4 个区，故又称四分区划线法。其中第 4 区是单菌落的主要分布区，故其划线面积应最大。为防止第 4 区内划线与 1、2、3 区线条相接触，应使 4 区线条与 1 区线条相平行，这样区与区间线条夹角最好保持 120°左右。先将接种环沾取少量菌在平板 1 区划 3～5 条平行线，取出接种环，左手关上皿盖，将平板转动 60°～70°，右手把接种环上多余菌体烧死，将烧红的接种环在平板边缘冷却，再按以上方法以 1 区划线的菌体为菌源，由 1 区向 2 区作第 2 次平行划线。第 2 次划线完毕，同时再把平板转动约 60°～70°，同样依次在 3、4 区划线。划线完毕，灼烧接种环，关上皿盖，同上法培养，在划线区观察单菌落。

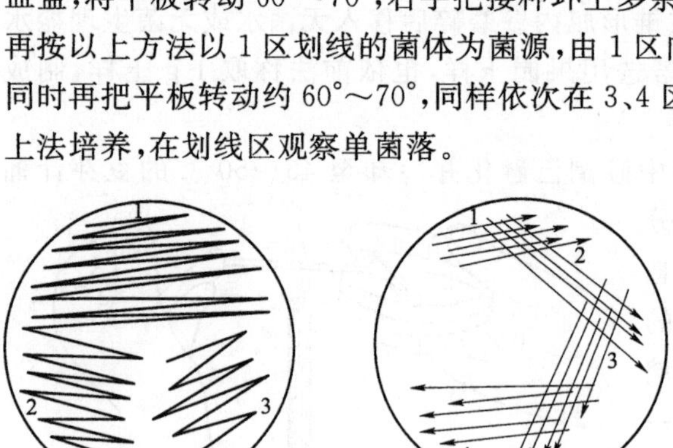

图 6-4　划线分离方式

A. 连续划线法；B. 分区划线法

图 6-5　划线分离示意图

本次实验在分离细菌的平板上选取单菌落，于肉膏蛋白胨平板上再次划线分离，使菌进一步纯化。划线接种后的平板，倒置于 30 ℃恒温箱中培养 24 h 后观察结果。

(三) 微生物菌落计数(平板菌落计数法)

含菌样品的微生物经稀释分离后，每一个活细胞可以在平板上繁殖形成一个肉眼可见的菌落。故可根据平板上菌落的数目，推算出每克含菌样品中所含的活菌总数。

$$\text{每克含菌样品中微生物的活细胞数}=\frac{\text{同一稀释度的 3 个平板上菌落平均数}\times\text{稀释倍数}}{\text{含菌样品克数}}$$

一般由三个稀释度计算出的每克含菌样品中的总活菌数和同一稀释度出现的总活菌数均应很接近，不同稀释度平板上出现的菌落数应呈规律性地减少。如相差较大，表示操作不精确，通常以第二个稀释度的平板上出现 50 个左右菌落为好。也可用菌落计数器计数。

(四) 平板菌落形态及个体形态观察

从不同平板上选择不同类型菌落用肉眼观察，区分细菌、放线菌、酵母菌和霉菌的菌落形态特征。并用接种环挑菌，视其与基质结合紧密程度。再用接种环挑取不同菌落制片，在显微镜下进行个体形态观察。将所分离的含菌样品中明显不同的各类菌株的主要菌落特征和细胞形态记录于表 6-4。

(五) 分离纯化菌株转接斜面(斜面接种)

在分离细菌、放线菌、酵母菌和霉菌的不同平板上选择分离效果较好，认为已经纯化的菌落各挑选一个用接种环接种斜面。

将细菌接种于肉膏蛋白胨斜面，放线菌接种于高氏 1 号斜面，酵母菌和霉菌接种于豆芽汁葡萄糖斜面上。

贴好标签，在各自适宜的温度下培养，培养后观察是否为纯种，记录斜面培养条件及菌苔特征于表 6-5。置冰箱保藏。

五、注意事项

1. 一般土壤中，细菌最多，放线菌及霉菌次之，而酵母菌主要见于果园及菜园土壤中，故从土壤中分离细菌时，要取较高的稀释度，否则菌落连成一片不能计数。
2. 在土壤稀释分离操作中，每稀释 10 倍，最好更换一次移液管，使计数准确。
3. 放线菌的培养时间较长，故制平板的培养基用量可适当增多。

六、演示

1. 土壤稀释分离操作法。
2. 平板制作及划线分离方法。
3. 斜面接种。

七、实验报告

1. 简述分离微生物纯种的原则及列出分离操作过程的关键无菌操作技术。
2. 记录微生物四大类菌的分离方法及培养条件于表 6-2。

表 6-2 微生物四大类菌的分离方法及培养条件

分离对象	样品来源	分离方法	稀释度	培养基	培养温度	培养时间
细菌	土壤					
放线菌	土壤					
霉菌	土壤					
酵母菌	果园土或面肥					

3. 将你所分离的微生物平板菌落计数结果填入表 6-3 中。

表 6-3 平均每克样品所含微生物数

皿	每皿长出菌落数			每克样品所含菌		
	10^{-}	10^{-}	10^{-}	10^{-}	10^{-}	10^{-}
第 1 皿						
第 2 皿						
第 3 皿						
均值						

4. 将你所分离样品中单菌落菌株的菌落培养特征与镜检形态记录于表 6-4。

表 6-4 含菌样品中分离的菌株特征记录

分离日期 地点

菌株编号	分离培养基	菌落特征	镜检形态

5. 记录斜面培养条件及菌苔特征(包括纯化结果)于表 6-5。

表 6-5 微生物四大类菌的斜面培养条件及菌苔特征

微生物	培养基名称	培养温度	培养时间	菌苔特征	纯化程度
细菌					
放线菌					
酵母菌					
霉菌					

6. 请设计分离筛选下列微生物菌种的试验方案(任选一种)。

提示:包括采样、稀释液制备、培养基名称、培养温度、培养时间、分离纯化方法等。

(1) 酸奶中乳酸菌的分离、纯化。

(2) 土壤中链霉素产生菌的分离、纯化。

(3) 啤酒泥或酒曲发酵泥中酵母菌的分离、纯化。

(4) 甜酒药曲或酿酒种曲中霉菌的分离、纯化。

八、问题和思考

1. 稀释分离时，为什么要将已融化的琼脂培养基冷却到 45～50 ℃左右才能倾入到装有菌液的培养皿内？

2. 为什么对细菌、放线菌和霉菌的稀释分离采用倾注法而对酵母菌的稀释分离采用涂布法？

3. 划线分离时为什么每次都要将接种环上多余的菌体烧掉？划线时为何不能重叠？

4. 在恒温箱中培养微生物时为何培养皿均需倒置？

5. 分离某类微生物时培养皿中出现其他类微生物，请说明原因？应该如何进一步分离和纯化？经过一次分离的菌种是否皆为纯种？若不是，应采用哪种分离方法最合适？

6. 根据哪些菌落特征可区分细菌、放线菌、酵母菌与霉菌？它们的细胞结构表现在菌落形态上有什么联系？

实验 6-2 化能自养微生物的分离与纯化（硅胶平板分离纯化硝化细菌）

一、实验目的和内容

目的： 学习从合成氨厂周围土壤或通气良好的耕地土壤中采样、富集培养、分离纯化硝化细菌。学习硅胶平板制备，了解培养硝化细菌的培养基制备和培养方法。

内容： 1. 硝化细菌的富集培养。

2. 硝化细菌的分离纯化。

3. 硝化细菌培养液纯度检查。

二、基本原理

化能自养微生物由于它们在农业生产、能源开发、冶金、采矿等方面的实际应用及在产能代谢、分子遗传等理论研究方面的重要性，日益受到人们重视。本次实验以硝化细菌为代表，介绍化能自养微生物的分离与纯化。

硝化细菌是化能自养菌类群中主要生理类群之一。包括亚硝化细菌和硝化细菌（或称亚硝酸氧化细菌）两个亚群。它们是需氧菌、利用无机物氧化过程获得能量同化 CO_2、合成细胞物质。其反应式为：

$$2NH_3 + 3O_2 \xrightarrow{\text{亚硝化细菌}} 2HNO_2 + 2H_2O + 619\ \text{kJ}$$

$$2HNO_2 + O_2 \xrightarrow{\text{硝化细菌}} 2HNO_3 + 201\ \text{kJ}$$

$$CO_2 + H_2O \xrightarrow{619\ \text{kJ}} [CH_2O] + O_2$$

两类菌除在土壤氮素养分转化及自然界氮素循环起重要作用外，由硝化细菌组装的亚硝酸微生物传感器，可快速检测大气和水中的亚硝酸浓度，在环境监测中发挥作用。培养硝化菌的温度，因菌源而异，从中温环境下分离的菌株，最适生长温度为 26～28 ℃，从高温环境下分离的菌株，40 ℃下生长良好。该菌喜中性或微碱性环境，倾向于固体表面上生长，在液体培养基中培养时，往往附着在培养液中碳酸钙颗粒上沉淀于瓶底，或沾附于瓶壁上，影响细菌的分散和分离。若采用硅胶平板自富集培养液中分离硝化细菌时，滴加菌悬液于平板前要用CO_2通气处理（防止菌沾附瓶壁、沉淀瓶底或吸附在碳酸钙颗粒上）。

化能自养菌代时长，生长极其缓慢，而伴生的异养菌却生长迅速，为使欲分离的生长劣势化能自养菌转化为生长优势菌，均需经专门培养该菌的特定培养液中使之富集培养，并限制其他菌繁殖，然后从富集培养液中分离、纯化。为避免异养菌或其他生理特性相似的自养菌污染，纯化后的菌株，尚需进行纯度检查和菌种的鉴别。

三、实验材料及用具

1. 菌源

合成氨车间周围和堆放合成氨场地周围土样。

2. 培养基

硝化细菌分离培养基、硝化细菌增殖增大基、检查有否异养型微生物的培养基（肉膏蛋白胨酵母膏培养基(BPY)、麦芽汁培养基、马铃薯葡萄糖培养基）。

3. 试剂

格里斯氏试剂（亚硝酸盐试剂）、二苯胺-硫酸试剂（硝酸盐试剂）。

4. 其他物品

稀释分离所用的无菌水、无菌培养皿、无菌移液管、无菌微口滴管、无菌玻璃涂棒等。

四、操作步骤

（一）采样

按实验 6-1 采集土样，选合成氨车间和堆放合成氨场地周围土样。

（二）富集培养

称取土样 1 g，接入到盛有 20 mL 硝化细菌增殖培养液的 250 mL 锥形瓶中，28 ℃振荡培养 10～14 d，每隔几天在白瓷板上分别加 2～3 滴格里斯氏试剂，然后用无菌滴管取出 1 滴增殖培养物加于上面两试剂中，搅和均匀。检查增殖培养液中NO_2^-的减少（溶液由红色、粉红色变为无色）和NO_3^-的形成（NO_3^-氧化二苯胺的特有反应，溶液由无色变为深蓝色）。为淘汰伴生的异养细菌，富集培养 10 d 后，用无菌微口滴管吸取 1～2 滴富集培养物接入新鲜的硝化细菌增殖培养液中，继续振荡培养，继续监测NO_2^-的减少和NO_3^-的形成，在连续转移的后期增殖培养液中，可通过不断补加KNO_2增加硝化细菌数目，更有效地抑制伴生的异养型细菌生长。

（三）分离纯化

取富集培养液，通CO_2气体 30 mL，然后静置 30 min，再通过下列三种方法分离纯化。

1. 硅胶平板分离法

(1) 制取硅胶平板　取等体积的盐酸（HCl 相对密度 1.09）和硅酸钠（相对密度 1.10）溶液，徐徐加入，缓慢混合，均匀搅拌，分装于 100～200 mL 透析袋中，水中透析 48 h，其间换蒸馏水 6～8 次，待透析袋内的硅酸钠溶液无色透明后，高压蒸汽灭菌或过滤除菌。灌浇硅胶平板时，注意无菌操作技术，分别吸取预先配制并灭好菌的硝化细菌分离培养基 1 mL、硅酸钠溶液 10 mL 于无菌培养皿内，静置片刻，待凝固后即可使用。

(2) 硅胶平板分离　采用涂布分离法。取 0.1～0.2 mL 富集培养液滴于 5～10 个硝化细菌分离培养基硅胶平板上，涂布分离。然后将硅胶平板放在盛有少量水的干燥器里(防止水分蒸发，避免硅胶平板干裂)，于 28 ℃恒温下培养 3～4 周，当硅胶平板上出现硝化细菌极小的菌落后(多数菌落小于 100 μm)，挑取 10～20 个单菌落，分别接种至硝化细菌增殖培养液中，28 ℃恒温下培养 3～4 周，依前述方法检验 NO_2^- 及 NO_3^-。

2. 稀释法

按稀释分离方法取富集培养液稀释至 10^{-4}、10^{-5}、10^{-6} 三个稀释度，分别用无菌滴管于上述稀释液中吸取培养物 1～2 滴接种 10～20 瓶硝化细菌增殖培养液中，28 ℃恒温箱中培养 3 周后，依前述方法检验 NO_2^- 的减少和 NO_3^- 的增长。

3. 微口滴管滴分法

此法依据是接种的每小滴培养液中尽量只含有一个硝化细菌的细胞。分离时，用无菌的微口滴管吸取少量富集培养液的上清液接种于盛有硝化细菌增殖培养液的锥形瓶中(接种时倾斜锥形瓶，使瓶底露出培养液的液面，以微口滴管尖端轻轻接触锥形瓶底即可)，共滴 10～20 瓶，28 ℃恒温培养 3 ～4 周，按前述方法检测 NO_2^- 及 NO_3^- 的消长。

三种分离纯化方法中稀释法简便易行，分离效果较好；硅胶平板分离法可直接获得纯种。

(四) 纯度检查

由于硝化细菌培养过程，常会有异养型细菌伴生，所以必须用多种有机营养培养基检查培养物是否有异养型细菌污染。常用的有机营养培养基是：BPY 培养基检查异养型细菌，麦芽汁培养基检查酵母菌，马铃薯葡萄糖培养基检查霉菌。上述培养基平板或斜面接种培养物后若有菌生长，表明分离瓶中培养物不纯；不生长，则为基本纯的培养物。若有异养型微生物存在，需重新分离、纯化。

(五) 镜检

对分离纯化的硝化细菌进行镜检及革兰氏染色。常见的硝化细菌特征见表 6-6 所示。

表 6-6　常见的硝化细菌

菌属	细胞形态	鞭毛	革兰氏染色结果
硝化杆菌属	短杆状有时呈梨形或球形	单鞭毛，通常不运动	G^-
硝化球菌属	球形	偏端鞭毛，运动	G^-
硝化刺细菌属	细长直杆状，老培养物中为球形	不运动	G^-

五、注意事项

1. 制取硅胶平板时，等体积的盐酸和硅酸钠混合时，须将盐酸徐徐加入硅酸钠中，且同时不断搅拌，以防结块。

2. 各环节注意无菌操作。

六、演示

硅胶平板的制作。

七、实验报告

1. 记录硝化细菌的分离方法及培养条件于表 6-7。

表 6-7 细菌分离方法及培养条件

样品来源	分离方法	稀释度	培养基名称	培养温度	培养时间

2. 分离、纯化硝化细菌菌株的记录于表 6-8。

表 6-8 分离、纯化硝化细菌菌株记录

菌株编号	分离培养基	菌落特征	镜检特征

3. 分析培养硝化细菌二种培养基成分，注明碳源、氮源、能源，说明其适用于分离硝化细菌的原因。

八、问题和思考

1. 分离化能自养菌的平板凝固剂为什么用硅胶而不用琼脂？
2. 分离硝化细菌时为什么要用多种异养菌培养基检查纯度？所使用的培养基各有什么特点？
3. 用格里斯氏试剂和二苯胺-硫酸试剂检测 NO_2^- 及 NO_3^- 的机理是什么？

实验 6-3 含酚污水降解菌的分离、纯化与筛选

一、实验目的和内容

目的：学习从含酚工业废水、活性污泥中筛选苯酚降解菌，学习通过活性污泥中培养驯化和分离耐酚菌。

内容：1. 酚降解菌的分离。
2. 耐酚菌的驯化。

二、基本原理

随着农药、化工、石油等现代工业的发展，开发了一大批有机高分子化合物，其中大多数是人工合成的，危及人类健康的有害物质。许多微生物可从不同基物中获取能量，具有降解某些特殊污染物的能力，这是当前环境微生物研究的重点。本实验以含酚污水降解菌的分

离、纯化与筛选为例，介绍某些特殊污染物微生物降解菌的筛选方法。

酚类化合物是化工、钢铁等工业废水的主要有毒成分。含酚污水通常污染水源、毒死鱼虾、危害庄稼，严重威胁人类健康。某些耐酚的假单胞菌和假丝酵母菌能在含酚废水的活性污泥中生长，具有较强的降解苯酚能力。苯酚经微生物体内单加氧酶氧化转变为邻苯二酚，细菌中邻苯二酚的降解大多数沿着邻位裂解途径进行，生成β-酮己二酸(3-氧己二酸)后，最终生成乙酰 CoA 和琥珀酸，再进一步通过三竣酸循环氧化成 CO_2 和 H_2O。见图 6-6。

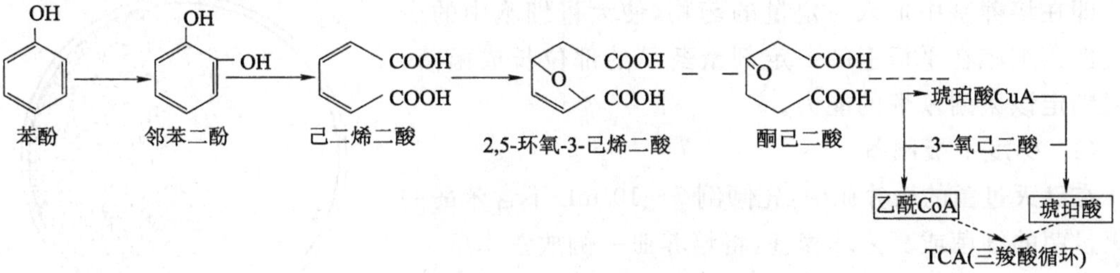

图 6-6 苯酚的微生物邻位裂解途径

三、实验材料及用具

1. 菌源

含酚工业污水或含酚废水曝气池中的活性污泥。

2. 培养基

见附录一。

(1) 耐酚真菌培养基(固体、液体、斜面)。

(2) 耐酚细菌培养基(固体、液体、斜面)。

(3) 苯酚无机培养液。

(4) 碳源对照培养液 A 及苯酚培养液 B。

3. 试剂

见附录二。

(1) 酚标准液。

(2) 2% 4-氨基安替比林溶液。

(3) 氯仿。

(4) 氨性氰化铵缓冲液。

(5) 0.100 0 mol/L 溴酸钾-溴化钾溶液。

(6) 0.100 0 mol/L 硫代硫酸钠溶液。

(7) 1%淀粉溶液。

4. 其他物品

稀释分离所用的无菌水、无菌培养皿、无菌移液管等。测定酚所用移液管、容量瓶、酸式滴定管等。

四、操作步骤

1. 采样

自焦化厂、钢铁公司化工厂处理含酚工业污水的曝气池中取活性污泥和含酚污水，装于无菌锥形瓶中，带回实验室。记录采样日期、地点、曝气池的水质分析(包括：挥发酚、可溴化物、BOD_5(五日生化需氧量)、COD(化学需氧量)、焦油、硫化物、氰化物、总氮、氨态氮、磷、pH、水温等)。采回的样品应迅速稀释分离。

2. 梯度平板法分离纯化

一般微生物在含苯酚培养基上不能生长，苯酚耐受菌株的筛选，可采用与筛选药物抗性菌株一样的梯度平板法。即在培养基中加入一定量的药物，使大量细胞中的少数抗性菌细胞在平板上的一定剂量药品的部位长成菌落，从而判定该菌耐苯酚的能力。

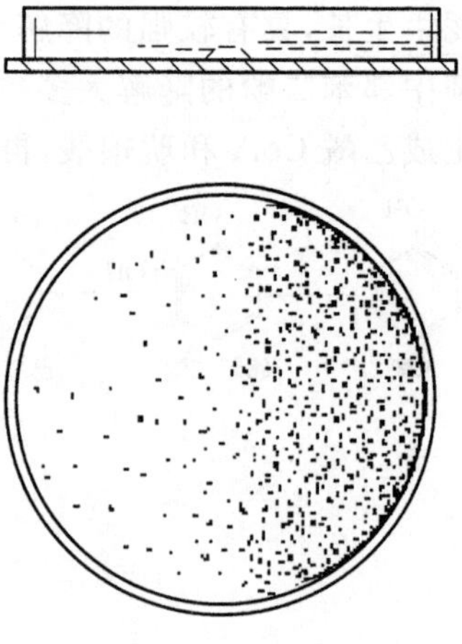

图 6-7 梯度平板制备及菌落生长情况

(1) 梯度平板制备

在已灭过菌的培养皿中，先倾倒 7～10 mL 不含苯酚的已灭过菌的细菌或真菌培养基，将培养皿一侧放置木条上，使皿中的培养基倾斜成斜面，而且刚好完全盖住培养皿底部，待培养基凝固后，将培养皿放平，再倾倒 7～10 mL 已融化的无菌耐酚真菌培养基或耐酚细菌培养基(苯酚终浓度为 75 mg/mL)，刚好完全盖住下层斜面，由于苯酚的扩散作用，上层培养基薄的部分苯酚浓度大大降低，造成上层培养基由厚到薄苯酚浓度递减的梯度(图 6-7)。

(2) 涂布法分离

将采集的样品按实验 6-1 稀释涂布法分离，30 ℃培养 2 d 后，平板上生长的菌落也形成密度梯度，上层培养基薄的部分苯酚低浓度区形成菌落较多，上层培养基厚的部分苯酚高浓度区出现稀少菌落。将此菌落在耐酚细菌培养基平板或耐酚真菌培养基平板上连续划线分离，最后挑取单菌落接种到耐酚斜面培养基上，30 ℃培养 2 d。

3. 耐酚菌驯化

先将从含酚工业废水采集来的活性污泥，放入苯酚无机培养液中(苯酚终浓度 25 mg/L、$MgSO_4 \cdot 7H_2O$ 终浓度 0.3%，KH_2PO_4 终浓度 0.3%)，30 ℃振荡培养 6～10 d，使苯酚降解菌大量增殖，淘汰对酚不适应的微生物；再添加苯酚无机培养液(苯酚终浓度增加至 100 mg/L)30 ℃振荡培养 4～6 d；再添加苯酚无机培养液(苯酚终浓度增加至 200 mg/L) 30 ℃振荡培养 4～6 d，再提高到添加 250 mg/L 苯酚无机培养液，30 ℃培养 4 d 后从中选出对苯酚耐受力强的苯酚降解菌。

4. 性能测定

(1) 初筛

制备不同浓度苯酚含量的平板培养基(苯酚终浓度依次为：0.025%、0.045%、0.060%、0.075%)，将选出的耐酚力强的菌株在其上分别划线分离，自高酚浓度平板上长出的菌落，即为苯酚降解力高的菌株。

(2) 复筛

将经初筛纯化的菌种，分别接入碳源对照培养液 A 和苯酚培养液 B 中，30 ℃振荡培养 48 h，于发酵的 0、12、24、36、48 h 取样，在 OD600 处检测光密度值(OD)，或采用比浊法在浊度计上测定混浊度。绘制在葡萄糖培养液和苯酚培养液中的生长曲线，在 250 mg/L 苯酚培养液中生长速度下降不明显者为耐酚菌株。

按下述方法测定接种前和发酵终止时发酵液浓度，计算苯酚降解率。若苯酚降解率大于80%，表明确为有效的苯酚降解菌。

$$苯酚降解率(\%)=\frac{未接种前发酵液苯酚量-发酵终止时发酵液苯酚量}{未接种前发酵液苯酚量}\times100\%$$

发酵液中苯酚含量测定：

在NH_4OH-NH_4Cl缓冲液中使发酵液中苯酚与4-氨基替比林发生缩合反应，在氧化剂铁氰化钾的作用下，酚被氧化生成醌而与4-氨基安替比林偶合而显色（注意测定中不能颠倒加试剂的顺序）。

取适量发酵液（含酚量大于10 μg）于50 mL锥形瓶中，同时分别吸取酚标准液（1.00 mL含0.01 mg酚）0.0 mL、0.5 mL、1.0 mL、2.0 mL、3.0 mL、4.0 mL、5.0 mL于同型号的各锥形瓶中，用蒸馏水稀释至50 mL。然后向标准酚溶液和发酵的稀释液中各加入0.25 mL的20%NH_4OH-NH_4Cl缓冲液，0.5 mL 2%4-氨基安替比林溶液，0.5 mL 8%铁氰化钾溶液，每次加入试剂后需均匀混合，放置15 min后在OD510处比色测定。制定苯酚标准曲线，从图中查出发酵液中苯酚含量。

$$苯酚含量=\frac{V_1\times1\,000}{V}$$

式中：V_1——相当于标准酚溶液中的酚量(mg)；

V——发酵液体积(L)。

五、注意事项

梯度分离法中制备下层和上层培养基要仔细认真。

六、演示

梯度分离培养基的制备。

七、实验报告

1. 记录分离得到的苯酚降解菌情况于表6-9。

表6-9 苯酚降解菌株情况

菌源	菌株编号	不同含酚浓度平板生长状况				苯酚降解率			
		0.025%	0.045%	0.060%	0.075%	<70%	71%～80%	81%～90%	91%～100%

注：生长状况表示方法：－没有菌落生长；＋有少数菌落生长；＋＋有中等量菌落生长；＋＋＋有大量菌落生长。

2. 根据复筛耐酚试验，绘制对照组与试验组菌株的生长曲线。

3. 记录在平板上苯酚降解菌的菌落特征和显微镜下观察的镜检特征以及苯酚降解能力等（表6-10）。

表 6-10 分离筛选苯酚降解菌特征主记录

菌株号	菌落特征	镜检特征	苯酚降解能力

八、问题和思考

1. 分析耐酚真菌培养基、耐酚细菌培养基、苯酚无机培养液和苯酚培养液B成分，说明其适用于分离苯酚降解细菌和苯酚降解酵母菌的原因。

2. 说明采用梯度平板法进行药物抗性菌株筛选的优越性。

3. 请设计一套从自然界筛选分离一株特殊污染物降解能力高的菌株的方案。

特殊污染物如：有机磷农药、聚氯联苯类农药、腈、氰类剧毒化合物、三次甲基三硝胺类炸药、聚乙烯醇、聚乙二醇类塑料等。

提示：包括采样、驯化培养、纯种分离、性能测定（初筛、复筛）、培养基及培养条件等。

7　水质的细菌学检测

实验 7-1　饮用水中细菌总数及大肠菌群(Coliform group)的检测

一、实验目的和内容

目的：学习并掌握饮用水质的细菌学检测方法，了解水质状况与细菌数量及大肠菌群的数量在饮水中的重要性。

内容：1. 细菌总数的测定。

2. 用发酵法检测大肠菌群。

二、基本原理

饮水是否合乎卫生标准，需要进行水中的细菌总数及大肠菌群数的测定。细菌总数的测定采用平板培养菌落计数法，大肠菌群数的测定是将一定量的样品接种乳糖发酵管，根据发酵反应结果，确证大肠菌群的阳性管数后，在检索表中查出大肠菌群的近似值。

我国饮用水标准：1 mL 自来水中细菌总数不得超过 100 个；1 L 自来水中大肠菌群数不得超过 3 个。

三、实验材料及用具

1. 水样

取深井中的水及生活中的自来水等均可。

2. 培养基

肉膏蛋白胨培养基、乳糖蛋白胨培养基、三倍乳糖蛋白胨培养基、伊红美蓝培养基(EMB 培养基)、复红亚硫酸钠培养基(远藤氏培养基)(见附录一)。

注：乳糖蛋白胨培养基中成分各按三倍量配制，蒸馏水仍为 100 mL，配方及配制方法见附录一。分别将乳糖蛋白胨培养基及三倍乳糖蛋白胨培养基分装于具有倒置德汉氏小管的试管中，56 kPa 灭菌 30 min。

3. 器皿

无菌空锥形瓶(500 mL)、无菌培养皿、无菌移液管、无菌试管、无菌锥形瓶、微孔滤膜(孔径 0.45 μm)、滤器(容量 500 mL)、抽气设备、无菌镊子等。

四、操作步骤

(一) 水样来源

1. 学校水源、各深水井泵房取样。

2. 食堂及各生活区自来水样。

取样方法：先将自来水龙头用酒精棉擦拭，并点燃火焰灭菌，打开水龙头放水 1～2 min，用灭菌空锥形瓶接取水样约 350 mL。

（二）细菌总数测定

用无菌移液管分别吸取 1 mL 水样，加入培养皿中（每个水样平行做三个培养皿），每个培养皿各加入 12 mL 左右已融化并冷至 45～50 ℃的肉膏蛋白胨培养基，迅速轻轻旋转摇动，使水样与培养基充分混匀。待凝固后，将平板倒置于 37 ℃恒温箱内培养 24 h，进行菌落计数。（计数方法参考实验 7-2）

（三）滤膜法检测大肠菌群

1. 用无菌镊子将一无菌滤膜置于滤器的承受器当中，将过滤杯装于滤膜承受器上，旋紧，使接口处能密封，将真空泵与滤器下部的抽气口连接。

2. 加水样 100 mL 于滤杯中，启动抽真空系统，使水通过滤膜流到下部，水中的微生物细胞被截留在滤膜上。水样用量可适当增减使获得菌落适量。

3. 用无菌镊子小心将截留有细菌的滤膜取出，平移贴于复红亚硫酸钠固体培养基上（注意无菌操作，滤膜与培养基间贴紧，无气泡），37 ℃培养 16～18 h。挑选深红色或紫红色、带有或不带金色光泽的菌落，或淡红色、中心色较深的菌落进行涂片和革兰氏染色观察。

4. 经染色证实为革兰氏阴性无芽孢杆菌者，再接种在乳糖蛋白胨半固体培养基上，37 ℃培养 6～8 h 后观察，产气者证实为大肠杆菌阳性。培养中应及时观察，时间过长则气泡可能消失。

5. 结果计算

$$\text{水样中总大肠菌群数}(\text{个}\cdot \text{L}^{-1})=\frac{\text{滤膜生长的菌落数}}{\text{过滤水样量/mL}}\times 1\,000$$

（滤膜上菌落数以 20～60 个/片较为适宜）

（四）用发酵法检查大肠菌群

1. 初发酵试验

取 2 个装有 50 mL 三倍乳糖蛋白胨培养基的无菌锥形瓶，在无菌操作条件下各加入 100 mL 水样，混匀。另取 10 支装有 5 mL 三倍乳糖蛋白胨培养基的发酵管，用无菌移液管各加入 10 mL 水样，混匀后 37 ℃培养 24 h。若培养后无反应，说明水质中无大肠菌群存在（需用 300 mL 的水样检测大肠菌群）。

2. 固体物培养

若出现反应，将产酸、产气及只产酸的发酵管进行平板分离。分别用接种环取发酵液划线接种于伊红美蓝培养基平板上，于 37 ℃培养 18～24 h。将出现以下三种特征的菌落，进行涂片、革兰氏染色、镜检。

（1）具金属光泽、深紫色菌落；

（2）紫黑色、微或无金属光泽的菌落；

（3）淡黑色、中心紫色的菌落。

3. 复发酵试验

若镜检为革兰氏阴性、无芽孢杆菌，挑取此菌落的一部分，接种于乳糖蛋白胨发酵管中，经 37 ℃培养 24 h，结果若产酸产气，即证实有大肠菌群存在。

证实后，再根据发酵试验的阳性管数查表（表 7-1）得出大肠菌群数的近似值。为保证人类的健康，1 L 饮用水检测出的大肠菌群数不应超过 3 个。若大肠菌群数超标，说明此水质被污染，应进一步查出污染原因。

表 7-1 大肠菌群检数表

10 mL 水量阳性管数	1 000 mL 水量阳性管数		
	0	1	2
	1 L 水样中大肠菌群数	1 L 水样中大肠菌群数	1 L 水样中大肠菌群数
0	＜3	4	11
1	3	8	18
2	7	13	27
3	11	18	38
4	14	24	52
5	18	30	70
6	22	36	92
7	27	43	120
8	31	51	161
9	36	60	230
10	40	69	＞230

注：接种水样总量为 300 mL，其中 100 mL 2 个样，10 mL 10 个样。

饮用水中大肠菌群检测步骤总结如下：

水样

↓

初发酵：三倍乳糖发液 {（1）50 mL/瓶＋100 mL 水样 2 瓶；（2）5 mL/管＋10 mL 水样 10 支试管}

↓ 37 ℃ 24 h

从“⊕”及“＋”发酵管中取样

在 EMB 平板培养基上划线分离

↓ 37 ℃ 18～24 h

选择三种菌落作涂片，革兰氏染色，镜检 {1. 深紫黑色，具金属光泽；2. 紫黑色、微或无金属光泽；3. 淡紫红色，中心较深}

↓

复发酵：选 G^- 无芽孢杆菌的菌落一部分接种于普通乳糖发酵管

↓ 37 ℃ 24 h

若结果为“⊕”查表计数

若证实有大肠菌群存在,根据阳性管数查表即得出1 L水样中大肠菌群数。

五、注意事项

1. 认真配制不同类型培养基。
2. 检测中应合理控制所加的水样量。
3. 挑选菌落时认真选择大肠菌群典型菌落。
4. 在滤膜法中每片滤膜的菌落数以20～60个为宜。
5. 多管发酵法中水样稀释比例要适宜。

六、演示

1. 具有大肠菌群的发酵管中产酸与产气特征的观察。
2. 在复红亚硫酸钠培养基和伊红美蓝培养基上大肠菌群典型菌的色泽及特征的识别。

七、实验报告

1. 记录实验方法及步骤。
2. 列表说明检测结果。
3. 微孔滤膜法实验结果记录

过滤水样量(mL):________,37 ℃培养后特征菌数:________,接种乳糖培养基后的阳性管数:________。总大肠菌群数 ________(个/L)。

八、问题和思考

1. 检查饮用水中的大肠菌群有何意义?比较本实验中两种检测方法的优缺点。
2. 在EMB培养上长出的三种特征的菌落,何种为典型大肠杆菌?为什么?
3. 试设计一个监测某自来水厂水质卫生状况的方案。

实验7-2 食品中细菌总数及大肠菌群数的检测

一、实验目的和内容

目的:1. 掌握食品及饮料的微生物学检测方法。
2. 了解食品质量与细菌和大肠菌群数量的重要关系。

内容:1. 食品中细菌总数的测定。
2. 用发酵法检查大肠菌群数。

二、基本原理

食品应具有一定的营养价值,是人类赖以生存的必要条件。提供安全、卫生、营养丰富的食品,保证人类生存和健康是食品卫生的根本任务。但在生产、加工、贮存、运输、销售过程中,食品可能被微生物和化学物质污染,国内外的资料都说明食品的微生物污染是非常重要的卫生问题。因此，各类食品出厂前必须经过微生物检验，通过检验可以判断被污染的程度，也可观察微生物在食品中繁殖的动态，以便对被检样品进行卫生学评价时提供依据。

本实验中有关细菌及大肠菌群的检测原理可参见实验 7-1。

三、实验材料及用具

1. 待测样品

酱油、食醋、奶粉、啤酒、汽水、大酱。

2. 培养基(见附录一)

营养琼脂培养基、双料乳糖胆盐发酵培养基、单料乳糖胆盐发酵培养基、伊红美蓝培养基、乳糖发酵培养基。

3. 器皿

无菌移液管、无菌培养皿、无菌锥形瓶(内装 100 mL 无菌生理盐水)、无菌试管(内装 9 mL 无菌生理盐水)、无菌研钵。

四、操作步骤

(一) 细菌总数的测定

1. 以严格的无菌操作法开封并取样 10 g(或 10 mL)置于装有 100 mL 无菌生理盐水和数粒玻璃珠的锥形瓶中或无菌研钵内，经充分振荡或研磨制成 10^{-1} 的均匀稀释液。

2. 按十倍稀释法制成不同浓度稀释液，10^{-2}、10^{-3}、10^{-4}，(稀释倍数应依据国家和当地卫生标准要求及检样污染情况而定)从 10^{-2}、10^{-3}、10^{-4} 稀释液中分别吸取 1 mL 置于无菌培养皿内，每一个稀释度做 2 个培养皿。

3. 将肉膏蛋白胨培养基融化，凉至 50 ℃左右，在每个培养皿内各倒入约 12 mL 培养基，摇匀，凝固后，置 37 ℃培养 24 h，进行菌落计数。

(二) 菌落计数方法说明

1. 平皿菌落数的选择

选取菌落数在 30～300 之间的培养皿作为菌落总数测定标准，一个稀释度用两个培养皿，应采用两个培养皿的平均数，其中一个培养皿有较大片状菌落生长时，则不宜采用，而应以无片状菌落生长的培养皿作为该稀释度的菌落数，若片状菌落数不到培养皿的一半，而其余一半中菌落分布又很均匀，则可计算半个培养皿后乘 2 以代表全皿菌落数。培养皿中的菌落总数的确定参照表 7-2。

表 7-2 稀释度选择及菌落数报告方式

例次	稀释度及菌落数			两稀释度菌落数之比	黏泥真菌总数(个/mL)	报告方式(个/mL)
	10^{-1}	10^{-2}	10^{-3}			
1	—	164	20	—	16 400	1.6×10^{4}
2	—	295	46	1.6	37 750	3.6×10^{4}
3	—	271	60	2.2	27 100	2.7×10^{4}
4	>6 500	3 475	313	—	31 300	3.1×10^{5}

续表

例次	稀释度及菌落数			两稀释度菌落数之比	黏泥真菌总数（个/mL）	报告方式（个/mL）
	10^{-1}	10^{-2}	10^{-3}			
5	27	11	5	—	270	2.7×10^{2}
6	0	0	0	—	$<1\times10$	<10
7	0	306	12	—	30 600	3.1×10^{4}

注：菌落总数和报告方式以 1 g 或 1 mL 中的菌落个数计。

2. 稀释度的选择

(1) 应选择平均菌落数在 30～300 之间的稀释度，乘以稀释倍数报告之(见表 7-2 中例 1)。

(2) 若有两个稀释度，其生长之菌落数均在 30～300 之间。则应视二者菌落数之比如何来决定，若比值小于 2，应报告其平均数；若大于 2 则报告其中较小的数字(见表 7-2 例 2 及 3)。

(3) 若所有稀释度的平均菌落数均大于 300，则应按稀释度最高的平均菌落数乘以稀释倍数报告之(见表 7-2 中例 4)。

(4) 若所有稀释度的平均菌落数均小于 30，则应按稀释倍数最低的平均菌落数乘以稀释倍数报告之(见表 7-2 中例 5)。

(5) 若所有稀释度的平均菌落数均不在 30～300 之间，其中一部分大于 300 或小于 30 时，则以最接近 30 或 300 的平均菌落数乘以稀释倍数报告之(见表 7-2 中例 7)。

3. 菌落数的报告

菌落数在 100 以内时，按实有数报告；大于 100 时采用两位有效数字后面的数值，以四舍五入方法计算，为了缩短数字后面的零数，用 10 的指数来表示(见表 7-2 中“报告方式”栏)。

(三) 用发酵法检查大肠菌群

1. 初步发酵试验

将已稀释好的待检样品，接种于乳糖胆盐发酵管内，接种量 1 mL 以上者，可用双料乳糖胆盐发酵管，1 mL 及 1 mL 以下可用单料乳糖胆盐发酵管。每一稀释度接种三管，置 37 ℃培养 24 h，如所有乳糖胆盐发酵管都不产酸、产气，则可报告大肠菌群阴性。如有产酸、产气者，再按下列程序进行。

2. 指示性培养基上分离培养

将产酸、产气的发酵管进行平板分离。分别用接种环取发酵液，用划线接种法，接种于伊红美兰培养基平板上，于 37 ℃培养 24 h。将出现的大肠菌群可疑菌落进行涂片，革兰氏染色，镜检。

3. 复发酵试验

挑取经镜检为革兰氏阴性，无芽孢的短杆菌的菌落，接种于乳糖发酵培养基管中摇匀，置 37 ℃培养 24 h，如果产酸、产气，即确证为大肠菌群阳性。

根据发酵试验的阳性管数，查大肠菌群最可能数(MPN)检索表(表 7-3)。得出每 100 mL(g)食品中存在的大肠菌群数的近似值。

表 7-3 大肠菌群最可能数(MPN)检索表

阳性管数			MPN	95%可信限	
1 mL 或 g×3	0.1 mL 或 g×3	0.01 mL 或 g×3		下限	上限
0	0	0	<30	<5	90
0	0	1	30		
0	0	2	60		
0	0	3	90		
0	1	0	30	<5	130
0	1	1	60		
0	1	2	90		
0	1	3	120		
0	2	0	60		
0	2	1	90		
0	2	2	120		
0	2	3	160		
0	3	0	90		
0	3	1	130		
0	3	2	160		
0	3	3	190		
1	0	0	40	<5	200
1	0	1	70	10	210
1	0	2	110		
1	0	3	150		
1	1	0	70	10	230
1	1	1	110	30	360
1	1	2	150		
1	1	3	190		
1	2	0	110	30	360
1	2	1	150		
1	2	2	200		
1	2	3	240		
1	3	0	160		
1	3	1	200		
1	3	2	240		
1	3	3	290		
2	0	0	90	10	360
2	0	1	140	30	370
2	0	2	200		
2	0	3	260		
2	1	0	150	30	440
2	1	1	200	70	890
2	1	2	270		
2	1	3	340		
2	2	0	210	40	470
2	2	1	280	100	1 500
2	2	2	350		
2	2	3	420		
2	3	0	290		
2	3	1	360		
2	3	2	440		
2	3	3	530		

续表

阳性管数			MPN	95%可信限	
1 mL 或 g×3	0.1 mL 或 g×3	0.01 mL 或 g×3		下限	上限
3	0	0	230	40	1 200
3	0	1	390	70	1 300
3	0	2	640	150	3 800
3	0	3	950		
3	1	0	430	70	2 100
3	1	1	750	140	2 300
3	1	2	1 200	300	3 800
3	1	3	1 600		
3	2	0	930	150	3 800
3	2	1	1 500	300	4 400
3	2	2	2 100	350	4 700
3	2	3	2 900		
3	3	0	2 400	360	13 000
3	3	1	4 600	710	24 000
3	3	2	11 000	1 500	48 000
3	3	3	>24 000		

注：(1) 本表采用 3 个稀释度(1 mL 或 g、0.1 mL 或 g 、0.01 mL 或 g)，每稀释度 3 管。

(2) 表内所列检样量如改用 10 mL 或 g、1 mL 或 g 和 0.1 mL 或 g 时，表内数字相应降低 10 倍，如改用 0.1 mL 或 g、0.01 mL 或 g 和 0.001 mL 或 g 时，则表内数字应相应增加 10 倍。其余可类推。

(3) 在检验含有二氧化碳的饮料时，一定要使二氧化碳完全逸出，不然在进行大肠菌群测定时，二氧化碳进入倒管造成假阳性。

(4) 在含有渣子的样品进行菌落总数测定时，要区别渣子和菌落的形态，不要误以渣子点数菌落。在进行大肠菌群测定时，渣子会沉在管底，往往会堵住倒管口部，使大肠菌群阳性所产生的气体不能排入倒管而造成假阴性。另外如乳糖胆盐发酵管已产酸，倒管无气体，而有小气泡沿管壁上升，应注意仍要接种伊红美蓝平板。

(5) 酸性饮料调 pH 时，用广泛试纸测试到中性，如样品过酸可用 20%或 30%灭菌碳酸钠，避免碳酸钠溶液用量过大稀释了样品。碳酸钠要注意分装成小管，一件样品使用一管，不要用一大瓶碳酸钠液体，反复多次使用，以造成污染。

(6) MPN 的计算是以 100 mL 或 100 g 样品为单位。

各类食品卫生标准不一，如瓶装汽水 1 mL 总菌数不得超过 100 个，每 100 mL 大肠菌群近似值不得超过 6 个。

4. 大肠菌群检测程序综合如图 7-1 所示

五、实验报告

1. 参照菌落计算方法，列表回答样品中 1 mL 细菌总数是多少？
2. 经检验，待测食品中大肠菌群数是多少？不同食品有什么区别？为什么？

六、问题和思考

大肠菌群中的细菌种类，一般并非是病原菌，为什么要选用大肠菌群作为食品被污染的指标？

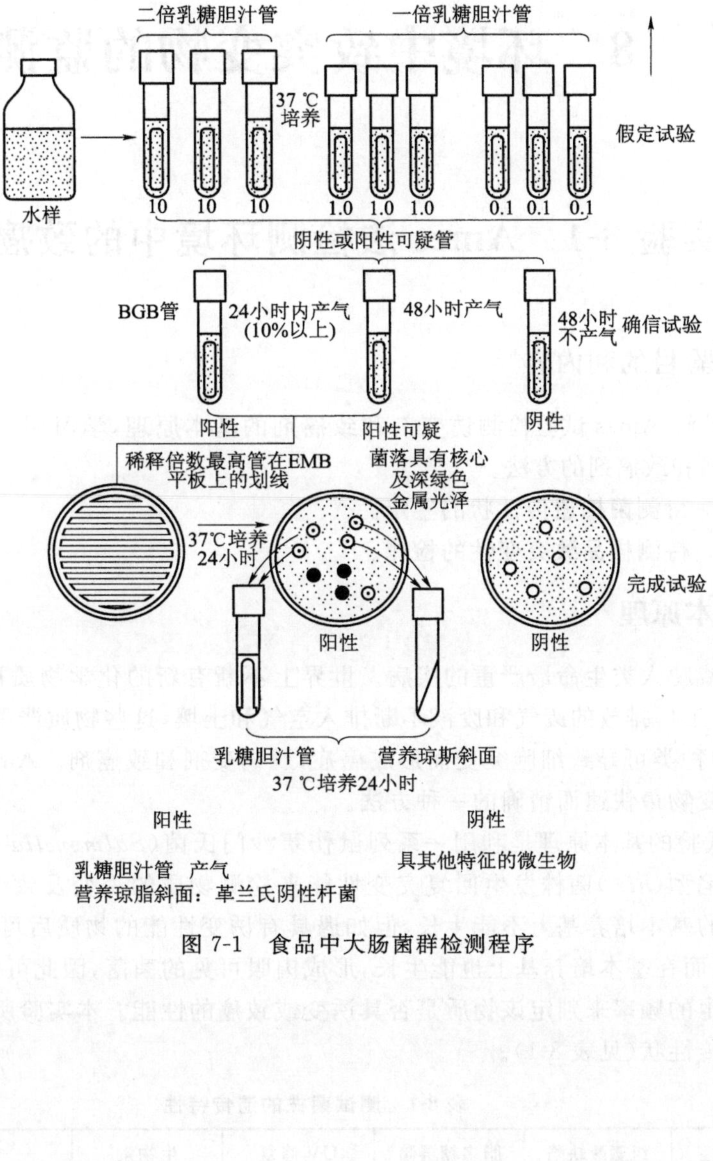

图 7-1 食品中大肠菌群检测程序

8 环境中致突变物的监测

实验 8-1 Ames 法检测环境中的致癌物质

一、实验目的和内容

目的： 了解 Ames 试验检测诱变剂和致癌剂的基本原理，学习用 Ames 试验检测诱变剂和致癌剂的方法。

内容： 1. 待测菌株遗传性状的鉴定。

2. 待测样品致突变性的检测。

二、基本原理

癌症是威胁人类生命最严重的疾病。世界上不断有新的化学物质被合成或分解，农药的广泛使用，工厂排放的废气和废液不断排入空气和土壤，这些物质严重污染环境和危害人类，其中不少种类可导致细胞突变而形成癌症，属诱变剂和致癌剂。Ames 试验是目前公认为检测致突变物最快速而精确的一种方法。

Ames 试验的基本原理是利用一系列鼠伤寒沙门氏菌（*Salmonella typhimurium*）的组氨酸营养缺陷型（*his*-）菌株发生回复突变性能来检测物质的诱变及致癌性能，这些菌株在不含组氨酸的基本培养基上不能生长，但如遇具有诱变性能的物质后可发生回复突变，*his*- 变为 his^{+}，因而在基本培养基上也能生长，形成肉眼可见的菌落，因此可以在短时间内，根据回复突变发生的频率来判定该物质是否具诱变或致癌的性能。本实验所使用的测试菌株具有以下的遗传性状（见表 8-1）。

表 8-1 测试菌株的遗传特性

菌株 \ 特性	组氨酸缺陷 his-	脂多糖屏障突变 rfa	UV 修复缺失 uvrB	生物素缺陷 bio-	抗药因子 R	检测的突变型
TA1535	his-	rfa	uvrB	bio-	—	置换
TA100	his-	rfa	uvrB	bio-	R	置换
TA1537	his-	rfa	uvrB	bio-	—	移码
TA98	his-	rfa	uvrB	bio-	R	移码
S-CK 野生型	his^{+}	未突变	不缺失	bio^{+}	—	—

由于有些被检测的致癌剂需要哺乳动物肝细胞中的羟化酶系统激活后方能显示致突变物的活性，所以在进行试验时还需加入哺乳动物肝细胞内微粒体的酶作为体外活化系统（S-9 混合液），提高阳性物的测出率。所以 Ames 试验也称鼠伤寒沙门氏/哺乳动物微粒体试验。

三、实验材料及用具

(一) 菌种

鼠伤寒沙门氏菌组氨酸缺陷型为 TA1535,TA100,TA1537 及 TA98 4 个菌株,对照菌株为 S-CK 野生型。各菌株的遗传特性如表 8-1 所示。它们除均为组氨酸缺陷外(*his-*),尚有脂多糖屏障突变(*rfa*)、UV 修复缺失(*uvrB*)、生物素缺陷(*bio-*)及具抗药因子(R)等性状。比较 TA1535 及 TA100 的区别是 TA1535 无抗药因子而 TA100 则具抗药因子,而 TA1537 与 TA100 的区别也是前者无抗药因子,后者具抗药因子。其中 TA1535 及 TA100 能检测引起碱基置换的诱变剂,而 TA1537 与 TA98 则被用于检测碱基移码的诱变剂。本实验推荐用 TA100 为测试菌株,S-CK 为对照菌株。

(二) 培养基(见附录一)

1. 氯化钠琼脂

配制 50 mL,加热熔化后,分装小试管,每支装 3 mL。70 kPa 灭菌 20 min。

2. 组氨酸-生物素混合液

L-盐酸组氨酸 31 mg,生物素 49 mg,溶于 40 mL 蒸馏水,备用。

3. 上层培养基

配制 45 mL,分装 15 支试管,3 mL/管,70 kPa 灭菌 20 min。

4. 下层培养基

配制 1 000 mL,分装于锥形瓶中,70 kPa 灭菌 20 min。

5. 肉膏蛋白胨液体培养基

配制 500 mL,分装 10 支试管,5 mL/管,100 kPa 灭菌 20 min。

6. 肉膏蛋白胨固体培养基

配制 450 mL,分装于锥形瓶中,100 kPa 灭菌 20 min。

(三) 鼠肝匀浆(S-9 上清液)的制备。

选取成年健壮大白鼠 3 只(每只体重约 200 g 左右),按 500 mg/kg 一次腹腔注射五氯联苯玉米油配制成的溶液(浓度为 200 mg/mL 的五氯联苯溶液 2.5 mL),提高酶活性。注射后第 5 天断头杀鼠,杀前 12 h 应禁食。取 3 只大白鼠的肝脏合并称重,用冷的 0.15 mol/L KCl 溶液洗涤 3 次,剪碎,按 1 g 肝脏(湿重)加 3 mL 0.15 mol/L KCl 溶液在匀浆器中制成匀浆,经高速冷冻离心机(9 000 r/min)离心 10 min,取出上清液备用,此即 S-9 上清液。分装安瓿管,每管 1～2 mL,液氮速冻,－20 ℃冷冻保藏备用。使用前取出,在室温下融化并置冰中冷却,再按下法配制 3-9 混合液。以上一切操作均应在低温(0～4 ℃)无菌下进行。

(四) 鼠肝匀浆混合液(3-9 混合液)的制备

配制 3-9 混合液前,应预先将下列各组分配制成贮备液,包括:0.2 mol/L pH7.4 磷酸缓冲液,Mg-K 盐溶液,NAPD-G-6-P 溶液(配法见附录二)。进行试验前,取 2 mL S-9 上清液加入 10 mL NAPD-G-6-P 溶液,最后加 1 mL Mg-K 溶液(依次加入),混合后置冰浴中待用。

(五) 待测样品

可选有致癌可能的化妆品如染发液或化工厂排放液进行检测。将待测物溶于无菌蒸馏水配成每 0.1 mL 待测液含百分之几 μg 至千分之几 μg(最高不能超过该物的抑菌浓度)三个不同浓度。若样品不溶于水则用二甲基亚砜(DMSO)溶解,再不能溶时,则选 95%乙醇、丙酮、甲酰胺、乙腈、四氢呋喃等作配制待测样品的溶剂。

(六) 试剂(配法见附录二)

1. 亚硝基胍(NTC)溶液

配制成 50 μg/mL,250 μg/mL,及 500 μg/mL 三种浓度。

2. 黄曲霉素 B_1 溶液

配制 5 μg/mL,50 μg/mL 两种浓度。

3. 氨苄青霉素液

配制成浓度为 8 mg/mL。

4. 结晶紫液

浓度为 1 mg/mL。

5. 0.85%生理盐水

配制 150 mL。

6. 0.15 mol/L KCl 溶液

配制 500 mL。

7. 器皿

培养皿(φ90 mm)、移液管 0.1 mL,1 mL,5 mL,10 mL,各种型号、试管、紫外灯(15 W 或 20 W)1 支、φ6 mm 厚圆滤纸片若干、黑纸 2 张、匀浆器 1 套、水浴锅 1 台、高速冷冻离心机动 1 台、安瓿瓶、剪刀、镊子、解剖刀、注射器(5 mL)1 支,台秤 1 台。

四、操作步骤

(一) 检测菌株遗传性状鉴定

凡用于检测的菌株必须先对其数种主要遗传性状加以鉴定,符合要求后方可正式使用。

1. 组氨酸营养缺陷型(his-)鉴定

基于 his-菌株只能在含组氨酸的培养基上生长,无组氨酸的培养基不能生长的原因,将下层培养基融化,冷至 50 ℃左右,倒入 4 个培养皿内,冷凝后倒置过夜制成底层平板。从测试菌株 TA100 及对照菌株斜面各取 1 环分别接入肉膏蛋白胨培养液内,37 ℃培养 16~24 h 后离心,取菌体并用生理盐水洗涤 3 次,然后制成菌悬液(浓度 1~2×10^9/mL)。取 4 管氯化钠琼脂,融化并冷至 45 ℃左右,保温,各管加 0.1 mL 菌悬液、每个菌株做 2 管,迅速摇匀并倒在底层平板上铺匀。在各培养皿背面用记号笔标出 1、2、3 三点。翻转平皿,打开皿盖,在 1 处加微量组氨酸颗粒,2 处滴加组氨酸—生物素混合液 1 小滴,3 处不加作为对照。37 ℃培养 2 天观察结果,要求除对照株 S-CK 外,其余检测菌株均为组氨酸—生物素缺陷型。

2. 脂多糖屏障突变(rfa)的鉴定

rfa 突变株的菌体表面脂多糖屏障已遭破坏,一些大分子可穿透细胞壁和细胞膜而进入菌体并抑制其生长，而野生型不受影响。取肉膏蛋白胨固体培养基，融化后制成4个底层培养基平板，取0.2 mL TA100菌株悬液均匀涂抹在平板上，每菌做2皿。待室温干燥后，在中央放一直径6 mm无菌的厚圆滤纸片，在其上滴加结晶紫0.02 mL。37 ℃培养16～24 h后观察结果。若纸片周围出现抑菌圈，直径＞14 mm者，说明rfa突变。

3. 抗药性因子(R)鉴定

取肉膏蛋白面胨固体培养基在两面个平皿内制成平板。冷凝后在平板中央加0.01 mL氨苄青霉素液，并用接种环将青霉素液涂开成一直线，置37 ℃温箱或室温下待干。在1、2两皿，分别取TA1535、TA100及S-CK各1环，划过氨苄青霉素带并与之垂直方向平行划线，做两皿重复。37 ℃培养16～24 h观察结果。含R因子者在划线部分可生长，而无R因子者不能生长。R因子的性状易于丢失，故应经常鉴定。

4. UV修复缺失(ΔuvrB)鉴定

取肉膏蛋白胨固体培养基融化后，倒入4个平皿制成平板。冷凝后用记号笔作好标记。分别取TA100及S-CK两个菌株在平板上平行划线，做两个重复。将平皿放紫外灯下(15～20 W，30～40 cm)，打开皿盖，用无菌黑纸遮盖半个平皿将划菌处露出一半，打开紫外灯，照射10～20 s。照射毕，取出黑纸并盖上皿盖，37 ℃培养16～24 h观察结果。UV修复缺失的菌株经照射后不能生长，但有黑纸覆盖部分可生长。

(二) 待测样品致突变性检测

检测可用点滴法或掺入法进行，但每次实验均应同时设对照组以便比较结果。

1. 点滴法

将下层培养基融化后倒入平皿，制底层平板。将上层培养基(加组氨酸-生物素的NaCl琼脂)融化并冷凉至45 ℃左右放水浴保温，加入0.1 mL(浓度约为1×10^9个/mL)TA100的悬液、0.5 mL S-9混合液，混匀后倒在底层平板上铺平，待上层凝固后，取直径为6 mm的无菌圆形厚滤纸片，各蘸取不等浓度的待测样品液约10 μL左右，轻轻放在上层平板上。同一菌株做两皿重复。37 ℃培养48 h观察结果。凡在滤纸片周围长出一圈密集菌落者(his^+)，可认为该样品具致突变性(＋)。菌落数＞10为(＋)，＞100为(＋＋)，＞500为(＋＋＋)；若仅有＜10菌落出现，则该样品不具突变性(－)。此法比较简单，但结果不够精确，可作为样品测定的定性试验。

2. 掺入法

用与上同法制下层平板，上层培养基融化冷凉后，除加0.1 mL测试菌悬液0.5 mL S-9混合液外，尚需加0.1 mL已知浓度的待测样品液，经充分混匀后迅速铺于底层平板上。操作应在20 s内完成并注意避光。37 ℃培养48 h观察结果，平板上出现的菌落是经回复突变后生成的。精确记录各皿上出现的回变菌落数，并算出同组两皿的平均菌落数，即诱变菌落平均数/皿，以R_t表示，留待以后计算突变率。

在观察结果时，不论是掺入法或点滴法，一定要在琼脂表面长出的回复突变菌落的下面衬有一层菌苔时，方能确认为his^+回复突变菌落。这是由于下面的菌苔是his-菌株利用了上层培养基内所含微量组氨酸和生物素生长的菌。经数次分裂后，其中一部分his-菌可自发回复突变为his^+，并继续增殖形成his^+的菌落。

(三) 对照设计及结果评估

每次试验均需设有回复突变、阳性及阴性三项对照。

1. 自发回复突变对照

做法基本与掺入法相同，但在上层琼脂管内只加 0.1 mL 菌悬液，0.5 mL S-9 混合液，不加待测样品液。经 37 ℃培养 48 h 后，观察在下层平板上长出的菌落表示为该菌自发回复突变后生成。记录并算出每组平皿菌落平均数/皿，以 R_c 表示。

现将试验步骤总结如图 8-1。

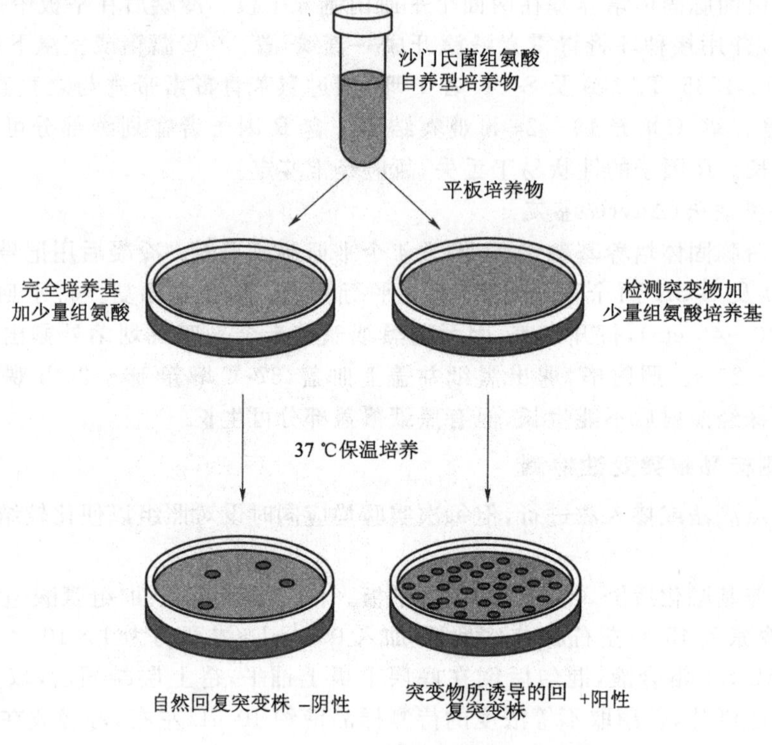

图 8-1 用 Ames 试验检测诱变剂的过程

$$突变率(MR)=\frac{每皿诱变菌落均数(R_t)}{每皿自发回复突变菌落均数(R_c)}$$

只有突变率大于 2 时才认为样品属 Ames 试验阳性。当试验样品浓度达 500 μg/皿仍未出现阳性结果时，便可报告该待测样品属 Ames 试验阴性。

对于阳性结果的样品，其试验结果尚要经统计分析，若计算剂量与回变菌落之间有可重复的相关系数，经相关显著性检验，最后才能确认为阳性。

2. 阴性对照

为了说明样品本身确为 Ames 试验阳性而与配制样品液所用的溶剂无关，所以阴性对照物是采用配制样品时的溶剂，如水、二甲基亚砜、乙醇等。

3. 阳性对照

在进行样品测定的同时，可同时选一种已知具突变性能的化学物品代替样品作平行试验，将其结果与样品的结果比较，可以看出试验的敏感度和可靠性。本试验以亚硝基胍和黄曲霉毒素 B_1 为例（也可用 2-AF，NaN_3 等阳性诱变物），说明试验进行的方法。亚硝基胍是常用的诱变剂，常引起 DNA 碱基配对的置换；黄曲霉毒素 B_1 的诱变性能需经肝细胞微粒体酶系的激活。这两种诱变剂毒性很强，工作时应特别小心。

(1) 亚硝基胍致突变效应的检测　取测试菌株1管接肉膏蛋白胨液体活化，37 ℃培养16～24 h后离心，将菌体用生理盐水洗涤3次，最后配制成浓度为(1～2)×10^9/mL菌悬液备用。融化下层培养基并倒入6套平皿制成平板。用记号笔作好标记，做1 μg、5 μg、10 μg三种浓度，每浓度每菌重复两皿。取上层培养基6管融化并冷至45 ℃左右，标记各管1～6号。每管加测试菌的TA100菌悬液0.1 mL到1～6号管，S-9混合液0.5 mL。迅速摇匀后，倒在底层平板上，待凝固后在每个平皿中央放置1片ϕ6 mm无菌圆滤纸片。在1、2各皿的滤纸上滴加浓度为50 μg/mL的NTG 0.02 mL，同样在3、4各皿滤纸滴加250 μg/mL的NTG 0.02 mL，在5、6各皿滤纸滴加500 μg/mL的NTG 0.02 mL，即终浓度为1 μg、5 μg和10 μg。37 ℃培养48 h观察结果。评估结果时要求与点滴法测样品时相同。

(2) 黄曲霉毒素B_1致突变效应的检测　同样取TA100二菌株经活化并制成(1～2)×10^9/mL浓度的菌悬液备用。融化下层培养基，制4个平板，作标记1～4号。将上层培养基4管融化，冷至45 ℃左右，每管加0.1 mL测试菌悬液；在1、2各管加5 μg/mL浓度黄曲霉毒素B_1液0.2 mL(终浓度为1 μg/皿)，在3、4管各加50 μg/mL黄曲霉毒素0.2 mL(最终浓度为10 μg/皿)，最后还用现配好S-9混凝土合液，并在1、3管内各加0.5 mL，2、4管不加S-9混合液。将以上各成分迅速混匀，倒在底层培养基上，37 ℃48 h观察结果。

五、注意事项

1. 紫外线照射时注意保护眼睛和皮肤。
2. 操作的各个环节要无菌操作。

六、实验报告

1. Ames试验的理论根据是什么？
2. 将试验结果填入表8-2，计算所测样品的突变率，此样品是否有致癌的可能性？

$$所测样品突变率=\frac{样品每皿诱变菌落均数}{每皿自发回复突变菌落数}$$

表8-2　样品检测结果

试验内容		培养皿上长出的菌落数 (1)/皿	(2)/皿	平均/皿
样品测定				
对照	自发回复突变			
	阳性物			
	阴性物			

七、问题和思考

1. 加S-9混合液有什么意义？
2. 实验操作过程中要注意哪些事项？
3. 对测试菌株遗传性所进行的各项试验，在实验前你认为应出现什么结果？与实验后所得结果是否一致？请说明理由。

9　环境工程微生物学综合设计性实验

一、实验目的和内容

目的：1. 了解学生对实验知识内容的灵活应用能力。

2. 培养学生自行设计实验方案及综合应用所学知识对环境样品进行分析检测的能力。

内容：1. 分析实验设计。

2. 学生自行设计实验。

3. 学生独立完成自行设计的实验，并基本达到预期结果。

二、实验设计

（一）实验设计的基本要求

1. 查阅资料写出实验目的和基本原理；
2. 按照实验要求写出实验所需仪器、药品及材料；
3. 详细写出实验的每一个步骤。

（二）实验设计前准备

由教师指导学生选定实验题目，或由老师指定题目，提供参考书目。

（三）提交实验设计及评分标准

学生在规定时间内递交实验设计。

评分标准：

1. 具有可行性，有一定创新。（优）
2. 无科学性错误，设计不够细致，基本可行。（良）
3. 无明显科学性错误，设计有部分不够合理。（中）
4. 无明显科学性错误，设计不够合理。（及格）
5. 有明显科学性错误，设计不合理。（不及格）

三、独立完成自行设计的实验

（一）实验前准备

1. 教师帮助学生修改和完善实验设计。
2. 为学生提供必要的仪器、试剂。

（二）要求

在一定时间里，实验室开放，学生在规定时间内，将实验设计完成，并提交实验报告。

（三）评分标准

1. 顺利完成实验，得到合理结果，实验中操作正确，熟练。（优）

2. 完成实验，得到较合理结果，实验中操作正确。(良)

3. 守成实验，部分结果合理，实验中操作基本正确。(中)

4. 完成实验，未得到合理结果，实验中操作基本正确。(及格)

5. 未得到合理结果，未完成实验，实验中操作不熟练，不正确。(不及格)

(四) 注意事项

1. 注意实验室用电、用火及用水安全，教师要现场监督和检查。

2. 进入实验室后固定所用实验台面、仪器及玻璃器皿，维护实验仪器正常使用，保证所使用实验台面的整洁、玻璃器皿的洁净。离开实验室时，清洗所有使用过的玻璃器皿及其他材料，打扫整个实验室卫生，用肥皂洗手。

3. 实验中应节约使用试剂、药品，认真计算最大用量，避免浪费。

4. 如果条件不允许单个学生完成实验，可分组进行。

实验 9-1 Thiobacillus 属细菌的富集及分离

一、实验目的和内容

目的： 1. 学会从环境样品中富集、分离、纯化化能自养菌的方法；并说明无机营养型生物的生长过程。

2. 锻炼自行设计实验方案及灵活应用所学知识的能力。

3. 根据实验结果分析实验成败的原因。

内容： 1. 根据实验题要求，选择不同环境样品，分析实验设计。

2. 查阅资料，自行设计实验，写出实验方案。

3. 独立完成自行设计的实验，并对实验结果进行分析。

二、实验原理

Thiobacillus 是一类化能自养菌，属无机营养型生物，所利用的能源包括 H_2、NH_4^+、NO_2^-、H_2S 和 S。化能营养型生物是和利用光的光能营养型生物相对应的。与大多数光能营养型生物一样，化能自养菌能够利用二氧化碳作为碳源，但其需要氧气作为呼吸作用中的最终电子受体。表 9-1 为生物营养类型分类。

表 9-1 生物营养类型(按所需碳源和能源分类)

营养类型	能源	碳源	实例
化能营养型	化学物质		
有机营养型	有机物质	有机物质	人
无机营养型	无机物质	CO_2	*Thiobacillus*
光能营养型	光		

续表

营养类型	能源	碳源	实例
光能自养型	光	CO_2	植物
光能异养型	光	有机物质	无色硫细菌类

本次实验的目的是富集分离以还原性硫为能源的无机营养型细菌，我们把这类细菌称为 *Thiobacillus*。它们在有氧存在的情况下可“燃烧”H_2S、S 和 $S_2O_3^{2-}$，生成多种硫的氧化态，包括不能利用的硫酸。*Thiobacillus* 存在于含氧和还原态硫的土壤、水体以及底泥之中。

Thiobacillus 具有重要的生态学和经济意义。酸性矿水的形成便是由于当含硫较高的煤或矿石暴露于空气中时，这些细菌作用其上生长并生成硫酸所致。生物湿法冶金技术也是利用这些 *Thiobacillus Acidithiobacillus* 氧化硫化矿物产生硫酸，使难溶金属溶解进入溶液之中。*Thiobacillus* 还可用于农业生产中，如可向盐碱地中添加元素硫，利用 *Thiobacillus* 氧化产酸以中和碱。

富集培养是指在微生物最适生长条件下将其接种于液体培养基中进行的培养。其他细菌可能也一起生长，但如果所选择条件具有较强的选择性，目标微生物就会占优势。然后，再取少量第一次富集的培养液接种于新鲜培养基中，便有希望得到占更大优势的目标菌。

Thiobacillus 加富培养基中含有能源物质 $Na_2S_2O_3^{2-}$，以及一些细胞合成所需的各种无机营养物。摇瓶中的空气供给二氧化碳作为碳源，氧气作为氧化剂。为了防止光能营养生物的生长，摇瓶应置于暗处。由于培养基中没有有机物，所以异养微生物生长所需的食物只能来自 *Thiobacillus* 活细胞代谢产物及其死亡的细胞。

三、实验要求

1. 采集可能含有各种 *Thiobacillus* 的土壤、水或池塘沉积物作为富集分离的样品：(1) 施加过含硫化肥的果园土壤含有 *Thiobacillus* 的可能性较大；(2) 含有黑色底泥的池塘水或底泥表层亦可能含有 *Thiobacillus*。本实验要求每个学生尽量采集不同来源的样品，因为富集分离具有偶然性，所采集样品来源越多，分离出该类细菌的概率便越大。
2. 根据实验原理及思考题，设计实验方案，包括所需试剂及器材、操作步骤、注意事项、实验报告等。
3. 根据实验设计，进行并完成实验，提交实验报告。
4. 实验报告中应对自己的实验结果进行分析讨论，并与其他同学的结果进行比较。

四、推荐使用的参考书目

1.《环境工程微生物学实验讲义》，华东理工学院自印，刘亚洁编。
2.《环境工程微生物学》，高等教育出版社，周群英等主编。
3.《环境微生物学》，华东师范大学出版社，史家梁等编。
4.《微生物学实验》，高等教育出版社，黄秀梨主编。
5.《微生物学实验技术》，高等教育出版社，钱存柔主编。

五、实验设计及实验报告参考格式

Thiobacillus 的富集及分离

姓名：__________　　　班级：__________　　　实验日期：__________

实验前的准备：

1. 简述实验步骤：

2. 准备去哪里采样？确定该采样点的理由是什么？

3. 将富集培养物接种至第二瓶加富培养基进行继代培养的目的是什么？为什么要在 *Thiobacillus* 固体培养基上进行划线培养？

结果

1. 富集分离摇瓶 1：　　接种日期__________

日期					
pH					
生长情况					

观察记录：

2. 富集分离摇瓶 2：　　接种日期__________

日期					
pH					
生长情况					

观察记录：

3. 固体平板培养：

4. 纯培养(向盛装有加富培养基的无菌试管中接种固体平板上的单菌落)：

5. 革兰氏染色：

6. 你的样品中有硫杆菌吗？你的依据是什么？

7. 你的结果与其他用不同样品的同学的结果有何不同？

8. 对实验的不足之处提出建议。

9. 举另外一个化能自养菌的例子，并说明它的生态学意义。

问题

1. 解释名词：

1）自养型

2）异养型

3）光能营养型

4）有机营养型

5）化能营养型

2. 回答问题：

1）*Thiobacillus* 是如何生长繁殖的？

2）*Thiobacillus* 的生态意义是什么？

3）叙述如何富集 *Thiobacillus*。

六、说明

1. 本实验一人一组。
2. 限两周时间完成。

附培养基成分

<u>硫杆菌富集培养基</u>

NH_4Cl	1.0 g/L	N 源
$MgCl_2 \cdot 6H_2O$	0.5 g/L	Mg 源
$MgSO_4$	0.3 g/L	Mg 源
KH_2PO_4	0.4 g/L	缓冲剂和 P 源
K_2HPO_4	0.6 g/L	缓冲剂和 P 源
$CaCl_2 \cdot 2H_2O$	0.2 g/L	Ca 源
$FeCl_3 \cdot 6H_2O$	0.02 g/L	Fe 源
$Na_2S_2O_3 \cdot 5H_2O$	10 g/L	能源
微量元素母液	10 mL/L	各种酶的辅酶

<u>微量元素母液</u>

$CaCl_2 \cdot 2H_2O$	100 mg/L
$ZnSO_4 \cdot 7H_2O$	88 mg/L
$CuSO_4 \cdot 5H_2O$	40 mg/L
$MnSO_4$	15 mg/L
$Na_2B_4O_7$	10 mg/L
$(NH_4)_6MO_7O_{24} \cdot 4H_2O$	5 mg/L

对磷酸盐、硫代硫酸盐和微量元素进行单独灭菌。

实验 9-2　环境样品中微生物种类、数量及分布特性的检测

一、实验目的和内容

目的： 1. 了解不同环境样品中微生物的分布情况。

2. 学会检测不同环境样品中微生物种类、数量及分布特性的实验技能。

3. 锻炼自行设计实验方案及综合应用所学知识的能力。

内容： 1. 根据实验题要求，选择不同环境样品，分析实验设计。

2. 查阅资料，自行设计实验，写出实验方案。

3. 独立完成自行设计的实验，并基本达到预期结果。

二、实验要求

1. 选择下列几种环境样品中的一种，作为检测对象：

(1) 自来水；(2) 室内空气；(3) 西湖水样；(4) 植物叶片；(5) 市售饮料；(6) 花园土。

2. 根据所检测样品的性质，设计实验方案，包括目的、原理、试剂及器材、操作步骤、注意事项、实验报告等。

3. 根据实验设计，进行并完成实验，提交实验报告。

4. 实验报告中应对所检测样品中的微生物种类、数量及分布特征进行分析讨论。

5. 将自己的实验结果与国家卫生质量标准进行比较，说明你所检测的样品是否符合该标准；分析你所做结果的可靠性；如确属超标，提出控制方案。

三、实验所涉及的知识环节

1. 环境微生物样品采集方法及处理。

2. 不同样品的十倍梯度稀释法。

3. 各种培养基配制原则及方法、高压蒸汽灭菌操作、固体平板制作、半固体培养穿刺法、斜面制作、无菌操作。

4. 微生物固体培养、液体培养，根据菌落形态和生理生化特性进行菌种鉴定。

5. 微生物染色方法、计数方法。

6. 普通光学显微镜的操作和使用。

四、推荐使用的参考书目

1.《环境工程微生物学实验讲义》，华东理工学院自印，刘亚洁编。

2.《环境工程微生物学》，高等教育出版社，周群英等主编。

3.《环境微生物学》，华东师范大学出版社，史家梁等编。

4.《微生物学实验》，高等教育出版社，黄秀梨主编。

5.《微生物学实验技术》，高等教育出版社，钱存柔主编。

五、说明

本实验每 4 人一组；限一周时间完成。

附　　录

附录一　常用培养基的配方及配制方法

一、细菌、放线菌、酵母菌、霉菌常用培养基

1. 肉膏蛋白胨培养基

牛肉膏	0.5 g
蛋白胨	1.0 g
NaCl	0.5 g
水	100 mL
pH	7.2

100 kPa 灭菌 20 min

如配制固体培养基需加琼脂 1.5%～2%；如配制半固体培养基则加琼脂 0.7%～0.8%。

2. LB 培养基

胰化蛋白胨(bacto-tryptone)	1 g
酵母提取物(bacto-yeast extract)	0.5 g
NaCl	1 g
琼脂	1.5～2g
水	100 mL
pH	7.0

100 kPa 灭菌 20 min。

需要时也可在 LB 培养基中加入 0.1%葡萄糖。

3. 高氏合成 1 号培养基

可溶性淀粉	2.0 g
KNO_3	0.1 g
$K_2HPO_4 \cdot 3H_2O$	0.05 g
NaCl	0.05 g
$MgSO_4 \cdot 7H_2O$	0.05 g
$FeSO_4 \cdot 7H_2O$	0.001 g
琼脂	1.5～2 g
水	100 mL
pH	7.2～7.4

100 kPa 灭菌 20 min。

4. 麦芽汁培养基

新鲜麦芽汁(10～15 波林)	100 mL
琼脂	1.5～2g
pH	6.4

100 kPa 灭菌 20 min

5. 马铃薯葡萄糖培养基

马铃薯浸汁(20%)	100 mL
葡萄糖	2 g
琼脂	1.5～2 g

自然 pH

100 kPa 灭菌 20 min。

6. 豆芽汁葡萄糖培养基

豆芽浸汁(1%)	100 mL
葡萄糖	5 g
琼脂	1.5～2 g

自然 pH

100 kPa 灭菌 20 min。

7. 酵母蛋白胨葡萄糖培养基(YPD)

葡萄糖	2 g
胰蛋白胨	2 g
酵母提取物	1 g
蒸馏水	100 mL
pH	5.0～5.5

100 kPa 灭菌 20 min。

8. 马丁(Martin)培养基

葡萄糖	1 g
蛋白胨	0.5 g
$KH_2PO_4 \cdot 3H_2O$	0.1 g
$MgSO_4 \cdot 7H_2O$	0.05 g
孟加拉红(1mg/mL)	0.33 mL
琼脂	1.5～2 g
水	100 mL

自然 pH

56 kPa 灭菌 30 min,再加下列试剂:

2%去氧胆酸钠溶液	2 mL(预先灭菌,临用前加入)
链霉素溶液(1 万单位/mL)	0.33 mL(临用前加入)

9. 乳糖蛋白胨培养基

蛋白胨	1 g
牛肉膏	0.3 g

乳糖	0.5 g
NaCl	0.5 g
1.6%溴甲酚紫乙醇溶液	0.2 mL
水	100 mL
pH	7.4

56 kPa 灭菌 30 min。

10. 伊红美蓝培养基(EMB)

蛋白胨	1 g
KH_2PO_4	0.2 g
乳糖	1 g
2%伊红 Y 溶液	2 mL
0.65%美蓝溶液	1 mL
琼脂	2 g
蒸馏水	100 mL
pH(先调 pH,再加伊红、美蓝溶液)	7.1

乳糖在高温灭菌时易受破坏,故一般在 70 kPa 灭菌 20 min。

二、分离、纯化化能自养微生物试验用培养基

11. 硝化细菌分离培养基

A 液	KNO_2	2.5 g
	$MgSO_4 \cdot 7H_2O$	1.4 g
	$FeSO_4 \cdot 7H_2O$	0.3 g
	蒸馏水 100 mL	
B 液	$KH_2PO_4 \cdot 3H_2O$	1.36 g
	蒸馏水	100 mL

配制时,A、B 两液按 9∶1 混合,pH 8.0～8.2。

100 kPa 灭菌 20 min。

若分离亚硝化细菌,在 A 液中加入 11 g$(NH_4)_2SO_4$以代替 KNO_2。

为了增加硝化细菌分离效果,在 1 000 mL 培养液中可添加 10 g 粉状 $CaCO_3$ 和 0.4 mL 微量元素溶液(其中包括 $MnCl_2 \cdot 4H_2O$ 79 μg、$CuSO_4 \cdot 5H_2O$ 67 μg、$ZnSO_4 \cdot 7H_2O$ 70 μg、$Ca(NO_3)_2 \cdot 6H_2O$ 55 μg、维生素 B_2 1 μg)。

12. 硝化细菌增殖培养基

KNO_2	0.2 g
KH_2PO_4	0.07 g
$MgSO_4 \cdot 7H_2O$	0.05 g
$CaCl_2 \cdot 2H_2O$	0.05 g
蒸馏水	100 mL
pH(可用 5%$NaCO_3$调节)	8.0

100 kPa 灭菌 20 min(或水浴煮 30 min)。

若分离亚硝化细菌,可用 0.5 g/100 mL$(NH_4)_2SO_4$以代替 KNO_2。

13. 肉膏蛋白胨酵母膏培养基

牛肉膏	0.5 g
酵母膏	0.5 g
蛋白胨	1.0 g
NaCl	0.5 g
葡萄糖	0.5 g
蒸馏水	100 mL
pH	7.0

56 kPa 灭菌 30 min

配制固体培养基时需加 1.5%～2%琼脂。

三、分离、纯化含酚污水降解菌试验用培养基

14. 耐酚真菌培养基

葡萄糖	2 g
酵母膏	0.5 g
马铃薯汁	20 mL
微量元素溶液	10 mL
苯酚	25～75 mg
蒸馏水	70 mL
pH	5～6

100 kPa 灭菌 20 min。

固体培养基需加 2%琼脂。

微量元素溶液：

$MgSO_4 \cdot 7H_2O$	0.3 g
KH_2PO_4	0.3 g
$FeSO_4 \cdot 7H_2O$	0.005 g
$CaCl_2$	0.005 g

以上药品溶于 100 mL 水中。

15. 耐酚细菌培养基

斜面固体培养基：肉膏蛋白胨固体培养基，每支斜面中加 0.4 mL 苯酚溶液(6 g/L)。

液体培养基：在一个 500 mL 锥形瓶中装 166.6 mL 的肉膏蛋白胨培养液，灭菌后加入 mL 苯酚溶液(6 g/L)。

16. 苯酚无机培养液

苯酚	25 mg(或 100 或 250 mg)
$MgSO_4 \cdot 7H_2O$	0.3 g
KH_2PO_4	0.3 g
蒸馏水	100 mL
pH	7.0～7.2

100 kPa 灭菌 20 min。

17. 碳源对照培养液 A

葡萄糖	25～75 mg(不同浓度)
尿素	0.1 g
微量元素溶液	10 mL(同耐苯酚真菌培养基)
pH	7.0～7.2

100 kPa 灭菌 20 min。

18. 苯酚培养液 B

苯酚	25～75 mg
尿素	0.1 g
微量元素溶液	10 mL(同耐苯酚真菌培养基)
pH	7.0～7.2

100 kPa 灭菌 20 min。

四、食品中微生物检测试验用培养基

19. 单料胆盐乳糖发酵培养基

蛋白胨	2 g
猪胆盐(或牛、羊胆盐)	0.5 g
乳糖	1 g
0.04%溴甲酚紫水溶液	2.5 mL
蒸馏水	100 mL
pH	7.4

70 kPa 灭菌 20 min。

配制时,将蛋白胨及乳糖先溶液于蒸馏水中,调节 pH 至 7.4,然后再加入 0.04%溴甲酚紫水溶液,均匀分装于试管中,每管各加一杜氏小管,再进行高压蒸汽灭菌。

注意:双料胆盐乳糖发酵培养基除蒸馏水外,其他成分都需加倍的量。

20. 乳糖发酵培养基

蛋白胨	2 g
乳糖	1 g
0.04%溴甲酚紫水溶液	2.5 mL
蒸馏水	100 mL
pH	7.4

70 kPa 灭菌 20 min。

配制时,先将蛋白胨及乳糖溶于蒸馏水中,调节 pH,再加入溴甲酚紫溶液至紫色为止,分装于试管中。每管各加入一倒置杜氏小管,再进行高压蒸汽灭菌。

五、数种天然原料的化学成分

21. 蛋白胨营养成分

蛋白胨是蛋白质经蛋白酶(常用胰蛋白酶或胃蛋白酶)酶解或经酸或碱水解后的中间产物。在水解过程中,大分子的胶体蛋白质分解为许多中间产物,如蛋白胨、肽和氨基酸等,所以在商品蛋白胨中往往含有膘 、肽和氨基酸。各种成分的比例依蛋白胨的牌号而不同,有的大部分是蛋白胨,氨基酸和膘较少;有的只含少量的蛋白胨,而且膘的含量较多。所以,各种蛋白胨的营养价值不同,有的适于某种细菌的生长,有的则适于某种生化反应的出现(如吲哚试验的培养基中蛋白胨必需含精氨酸)。

蛋白胨在培养基中主要提供微生物所需要的氮源。由于它是两性化合物,所以也具有缓冲作用。

22. 牛肉浸汁营养成分

以水浸泡瘦牛肉,置冰箱中过夜,煮沸后滤去肉渣,即成掉肉浸汁。所有浸出物(包括无机和有机物质)约占肉重量的2%。浸出物含有两大类物质:

含氮物质包括:肌酸、黄嘌呤、次黄嘌呤、尿酸、谷酰胺、肌肽和肉毒碱等。

非含氮物质包括:葡萄糖、磷酸已糖、乳酸、琥珀酸、脂肪、肌醇和无机盐等。

肉浸汁中还含有八种B族维生素:硫胺素、核黄素、泛酸、尼克酸、生物素、吡哆醇、叶酸和对氨基苯甲酸。可作为细菌生长因素之用。

23. 100 g黄豆芽所含成分

水分	77 g
蛋白质	11.5 g
脂肪	2.0 g
碳水化合物	7.0 g
粗纤维	1.0 g
灰分	1.4 g
钙	68 mg
磷	102 mg
铁	1.8 mg
胡萝卜素	0.03 mg
硫胺素(B_1)	0.17 mg
核黄素(B_2)	0.11 mg
尼克酸	0.8 mg
维生素C	4 mg

24. 琼脂

琼脂俗称洋菜,是从某些海藻中(石花菜或青丝菜等)提取制备的半乳糖聚合物的硫酸酯,另外含有灰分、氧化镁、氧化钙、氮等微量物质,根据其产品的透明度、胶冻强度、粘度、凝固水量等作为检验琼脂质量的指标,一般微生物不分解琼脂,加入培养基中仅起支持作用。固体培养基一般加1.5%~2%琼脂,半固体培养基加0.5%~0.8%琼脂,应特别注意,培养基pH在4以下灭菌后琼脂不凝固,加热到98 ℃左右开始融化,而温度降至45 ℃即凝固。另处,微量物质可能会影响微生物生长,在进行精细实验时,应该先用水和酒精将琼脂中夹杂的可能为细菌所利用的微量杂质洗去。

25. 明胶

明胶是由胶原用沸水水解而得,是一种蛋白质。明胶不溶于冷水,但可在冷水中膨胀变软。在沸水中完全溶解,冷却后成透明状半固体。明胶可被许多细菌分解,高于25 ℃即液化,所以不能替代琼脂作培养基的凝固剂,主要供鉴别细菌是否具液化明胶的能力。

附录二　常用染液的配制

一、普通染色法常用染液

1. 齐氏石炭酸复红染液

A 液：碱性复红	0.3 g
95％乙醇	10 mL
B 液：石炭酸	5.0 g
蒸馏水	95 mL

将 A、B 二液混合摇匀过滤。

2. 吕氏美蓝液

A 液：美蓝(甲烯蓝、次甲基蓝、亚甲蓝)含染料 90％	0.3 g
95％乙醇	30 mL
B 液：KOH(0.01％重量比)	100 mL

将 A、B 二液混合摇匀使用。

3. 草酸铵结晶紫液

A 液：结晶紫(含染料 90％以上)	2.0 g
95％乙醇	20 mL
B 液：草酸铵	0.8 g
蒸馏水	80 mL

将 A、B 二液充分溶解后混合静置 24 h 过滤使用。

二、革兰氏染液

1. 草酸铵结晶紫液：配方同上

2. 革氏碘液

碘	1 g
碘化钾	2 g
蒸馏水	300 mL

配制时，先将碘化钾溶于 5～10 mL 水中，再加入碘 1 g，使其溶解后，加水至 300 mL。

3. 95％乙醇

4. 蕃红溶液

2.5％蕃红的乙醇溶液	10 mL
蒸馏水	100 mL 混合过滤。

三、芽孢染色液

1. 孔雀绿染色液

孔雀绿	7.6 g
蒸馏水	100 mL

此为孔雀绿饱和水溶液。配制时尽量溶解,过滤使用。

2. 齐氏石炭酸复红染液(同前)

四、荚膜染色液

黑墨水染色法

6%葡萄糖水溶液

绘图墨汁或黑色素,或苯胺黑

无水乙醇

结晶紫染液

五、鞭毛染色液

1. 利夫森氏(Liefson)染色液

A 液:NaCl	1.5 g
蒸馏水	100 mL
B 液:单宁酸(鞣酸)	3 g
蒸馏水	100 mL
C 液:碱性复红	1.2 g
95%乙醇	200 mL

临用前将 A、B、C 三种染液等量混合。

分别保存的染液可在冰箱保存几个月,室温保存几个星期仍可有效。但混合液应立即使用。

2. 银染法

A 液:丹宁酸	5 g
$FeCl_3$	1.5 g
15%福尔马林	2.0 mL
1%NaOH	1.0 mL
蒸馏水	100 mL
B 液:$AgNO_3$	2 g
蒸馏水	100 mL

配制方法:硝酸银溶解后取出 10 mL 备用,向 90 mL 硝酸银溶液中滴加浓 NH_4OH,形成浓厚的沉淀,再继续滴加 NH_4OH 到刚溶解沉淀成为澄清为止。再将备用的硝酸银慢慢滴入,出现薄雾,轻轻摇动后,薄雾状沉淀消失,再滴加硝酸银,直到摇动后,仍呈现轻微而稳定的薄雾状沉淀为止。雾重银盐沉淀,不宜使用。

六、液泡染液

0.1%中性红水溶液(用自来水配制)

七、脂肪粒染液

0.5%苏丹黑液

二甲苯

0.5%蕃红水溶液

八、肝糖粒染液

碘液:碘化钾 3 g 溶于 100 mL 蒸馏水中,加入 1 g 碘,完全溶解后备用(瓶盖请盖紧)。

九、乳酸石炭酸溶液(观察霉菌形态用)

石炭酸	20 g
乳酸(相对密度 1.2)	20 g
甘油(相对密度 1.25)	40 g
蒸馏水	20 mL

配制时先将石炭酸放入水中加热溶解,然后,慢慢加入乳酸及甘油。

附录三 常用试剂及缓冲液的配制

一、氨试剂(奈氏试剂)

A液:碘化钾	10.0 g
蒸馏水	100 mL
碘化汞	20.0 g
B液:KOH	20.0 g
蒸馏水	100 mL

将10 g碘化钾溶于50 mL蒸馏水中,在此液中加碘化汞颗粒,待溶解后,再加KOH和补足蒸馏水,然后再将澄清的液体倒入棕色瓶中贮存。

二、格里斯氏试剂(亚硝酸盐试剂)

A液:对氨基苯磺酸	0.5 g
稀醋酸(10%左右)	150 mL
B液:α-萘胺	0.1 g
蒸馏水	20 mL
稀醋酸(10%左右)	150 mL

三、二苯胺-硫酸试剂(硝酸盐试剂)

二苯胺	0.5 g
浓硫酸	100 mL
蒸馏水	20 mL

先将二苯胺溶于浓硫酸中,再将此溶液倒入20 mL蒸馏水中。

四、链霉素溶液(10 000 u/mL)

标准链霉素制品为10 000 000 u/瓶,先准备好100 mL无菌水,在无菌条件下用无菌移液管吸取0.5 mL无菌水加入链霉素标准制品瓶中,待遇链霉素溶解后取出加至另一无菌锥形瓶中,如上操作反复用无菌水洗链霉素标准制品瓶5次,最后,将所剩余无菌水全部转移至链霉素溶液中为止,此链霉素溶液为10 000 u/mL。

五、氨苄青霉素溶液(8 mg/mL和25 mg/mL)

称取氨苄基青霉素(医用粉剂)8 mg和25 mg,分别溶于1 mL无菌蒸馏水中,临用时配制。或临用时再经滤膜滤器过滤除菌。

六、2%伊红溶液

称取2 g伊红Y,加蒸馏水至100 mL,100 kPa灭菌20 min,然后将2 mL 2%伊红溶液在无菌条件下加入100 mL肉膏蛋白胨培养基中,摇匀放凉即可;或将配制好的2%伊红溶液直接加入肉膏蛋白胨培养基中，然后再行灭菌亦可。

七、0.5%美蓝溶液

称取0.5 g美蓝，加蒸馏水至100 mL，100 kPa灭菌20 min，然后将1 mL美蓝溶液在无菌条件下加入100 mL肉膏蛋白胨培养基中，摇匀放凉即可；或将配制好的0.5%美蓝溶液直接加入肉膏蛋白胨培养基中，然后再行灭菌亦可。

八、1%淀粉溶液

称取可溶性淀粉1 g，先用少量蒸馏水调成糊状，倾入煮沸的蒸馏水中，定容至100 mL。

九、0.1%孟加拉红溶液

称100 mg孟加拉红，加蒸馏水至100 mL，然后取0.33 mL 0.1%孟加拉红溶液直接加入100 mL马丁培养基中，摇匀灭菌。

十、2%去氧胆酸钠溶液

称取2 g去氧胆酸钠，加蒸馏水至100 mL，过滤除菌或100 kPa灭菌20 min，临用前将2 mL 2%去氧胆酸钠溶液在无菌条件下加入100 mL马丁培养基中，摇匀放凉即可。

十一、亚硝基胍溶液(50 μg/mL，250 μg/mL和500 μg/mL)

称取50 μg、250 μg和500 μg亚硝基胍，分别放在无菌离心管中，各加入0.05 mL甲酰胺助溶，然后加0.2 mol/LpH6.0磷酸冲液1 mL，使亚硝基胍完全溶解，用黑纸包好，30 ℃水浴保温备用(临用时配制)。

采用亚硝基胍诱变处理时终浓度为100 μg/mL，诱变处理时，向此亚硝基胍母液中加入4 mL对数期培养物即可。亚硝基胍为超诱变剂和“三致物质”，称量药品时需戴手套、口罩，称量纸用后灼烧，用安装橡皮头的移液管取样，接触沾染亚硝基胍的移液管、离心管、锥形瓶等玻璃器皿需浸泡于0.5 mol/L硫代硫酸钠溶液中，置通风处过夜，然后用水充分冲洗。

十二、标准苯酚溶液(含酚污水降解菌降解苯酚能力测定用)

1. 酚标准贮备液

精确称取精制酚1.00 g溶于无酚蒸馏水中，稀释定容至1 000 mL，贮于棕色瓶中，放置冷暗处保存。此液1 mL相当于1 mg酚，因为在保存中酚的浓度易改变，故需用下述方法标定其浓度。

吸取20.0 mL酚标准贮备液于250 mL碘量瓶中，加无酚蒸馏水稀释至100 mL。加20.0 mL的0.1 mol/L溴酸钾-溴化钾溶液及7 mL浓盐酸，混合均匀，10 min后加入1 g碘化钾晶体，放置5 min后，用0.100 0 mol/L硫代硫酸钠溶液滴定至浅黄色，加入1%淀粉指示剂1 mL，滴定至溶液蓝色消失为止。同时做空白试验(即用无酚蒸馏水代替酚标准贮备液，其他相同)，分别记录用量。

$$\text{贮备液含酚(mg/mL)} = \frac{(V_1 - V_2)N}{V} \times 15.68$$

V_1,V_2:分别为滴定空白和酚贮备液时所用的硫代硫酸钠标准液量(mL);

15.68 为苯酚的摩尔浓度;

N:硫代硫酸钠标准液的摩尔浓度;

V:酚贮备液量。

2. 酚标准使用液

吸取酚贮备液 10.00 mL,用无酚蒸馏水稀释定容至 1 000 mL,则 1 mL 溶液相当于 0.01 mg 酚,再吸取此液 10.00 mL,用无酚蒸馏水稀释至 100 mL,则 1 mL 溶液相当于 0.001 mg 酚。此溶液临用时配制。

3. 无酚蒸馏水的制备方法

测酚所用的蒸馏水,必须不含酚和氯。在普通蒸馏水中,以 10～20 mg/L 的比例加入粉末状活性炭,充分振摇后,用定性滤纸过滤即得。

十三、0.100 0 mol/L 溴酸钾-溴化钾溶液

称取 2.784 g 干燥的溴酸钾($KBrO_3$,AR)及 10 g 溴化钾(KBr,AR)溶于蒸馏水中,并定容至 1 000 mL。

十四、2%4-氨基安替比林溶液

称取 2 g4-氨基安替比林,溶于蒸馏水中,用蒸馏水定容至 1 000 mL,贮存于棕色瓶中,此液只能保存 1 周,最好临用前进行配制。

十五、0.100 0 mol/L 硫代硫酸钠溶液

1. 配制

精确称取 24.8 g 硫代硫酸钠($Na_2S_2O_3 \cdot 5H_2O$,AR),溶解于煮沸后冷却的蒸馏水中,并定容至 1 000 mL。贮存于棕色瓶中,用重铬酸钾标定。

2. 标定

(1) 准确称取已在 105 ℃干燥过的重铬酸钾($K_2Cr_2O_7$,基准试剂)0.10～0.15 g 3 份(每份重量应消耗 $Na_2S_2O_3 \cdot 5H_2O$ 溶液 20～30 mL),分别放入 250 mL 碘量瓶中,加入 20～30 mL 蒸馏水使其溶解。再加入 1 g 固体碘化钾和 2 mol/L 盐酸溶液 15 mL。加塞,充分混合,放置暗处 5 min,然后加入 100 mL 蒸馏水。

(2) 用 0.100 0 mol/L 硫代硫酸钠溶液滴定,当溶液由棕色变为浅黄绿色后,加入 2 mL 的 1%淀粉液,继续滴定至溶液刚刚转变为亮绿色为止。

(3) 记录硫代硫酸钠溶液用量,用同样的方法进行第二三份溶液的滴定。

滴定的反应:

$$K_2Cr_2O_7 + 6I^- + 14H^+ \rightarrow 2K + 2Cr^{3+} + 3I_2 + 7H_2O$$

$$I_2 + 2S_2O_3^{2-} \rightarrow 2I^- + S_4O_6^{2-}$$

$Na_2S_2O_3$溶液的摩尔浓度按下式计算:

$$N = \frac{W}{\frac{K_2Cr_2O_7}{6\ 000}V}$$

其中,N——$Na_2S_2O_3$溶液的摩尔浓度;

W——$K_2Cr_2O_7$的重量(g)；

V——滴定时所用$Na_2S_2O_3$溶液体积(mL)；

$\frac{K_2Cr_2O_7}{6\ 000}$$K_2Cr_2O_7$的毫摩尔数。

十六、20%氨性氯化铵缓冲液(pH 9.8)

称取20 g氯化铵(NH_4Cl,AR),溶解于浓氨水(NH_4OH)中,用浓氨水定容至100 mL,此液pH 9.8,贮存于具橡皮塞的瓶中,在冰箱内保存备用。

十七、0.85%生理盐水

称取NaCl0.85g,溶解于100 mL蒸馏水中,100 kPa灭菌20 min。

十八、无菌液体石蜡

取医用液体石蜡油装入锥形瓶中,装量不超过锥形瓶总体积的1/4,塞上棉塞,外包扎牛皮纸,100 kPa灭菌30 min,连续灭菌2次,再置105～110 ℃干燥箱中烘烤2 h或在40 ℃温箱中放置2周,除去石蜡油中的水分,经无菌检查后备用。

十九、Mg-K盐溶液(Ames实验用)

称取氯化镁($MgCl_2$)8.1 g,氯化钾(KCl)12.3 g,加蒸馏水溶解,并定容至100 mL,100 kPa灭菌20 min。

二十、NADP(辅酶Ⅱ)和G-6-P(葡萄糖-6-磷酸钠盐)使用液(Ames实验用)

称取辅酶Ⅱ(NADP)297 mg,葡萄糖-6-磷酸钠盐(G-6-P)152 mg,加0.2 mol/L的pH7.4磷酸缓冲液50 mL,Mg-K盐溶液2 mL,加无菌蒸馏水定容至100 mL,用滤膜滤菌器过滤除菌,检查无菌后分装小瓶,每瓶10 mL,−20 ℃冰箱保存。

参 考 文 献

[1] I. L. Pepper and C. P. Gerba. Environmental Microbiology ,A Laboratory Manual,2004.

[2] Bharat Patcl. Microbiology laboratory experiments,SS12BMI,1998.

[3] 周群英等主编. 环境工程微生物学(第三版). 北京:高等教育出版社,2008.

[4] 史家梁等编. 环境微生物学. 上海:华东师范大学出版社,1993.

[5] 黄秀梨主编. 微生物学实验指导(第2版). 北京:高等教育出版社,2008.

[6] 钱存柔主编. 微生物学实施技术(第2版). 北京:北京大学出版社,2008.